Berichte zu Pflanzenschutzmitteln 2008

Sachstandsbericht zu den Bienenvergiftungen durch insektizide Saatgutbehandlungsmittel in Süddeutschland im Jahr 2008

Seite II

Vakat

Inhaltsverzeichnis

1 Zusammenfassung 5

2 Hintergrund 7

3 Rechtliche Grundlagen 10

4 Gesundheitsschutz 11

5 Schutz des Naturhaushalts 12

6 Gehalte von Stäuben in Saatgutpartien 13

7 Kennzeichnung von Saatgutverpackungen 15

8 Emission von Stäuben durch Sägeräte 16

9 Ausblick 17

10 Anhänge 20

1 Zusammenfassung

Ende April und Anfang Mai 2008 kam es in einigen Regionen in Südwestdeutschland zu Bienenvergiftungen, bei denen nach letzten Erhebungen etwa 11.500 Völker von 700 Imkern teilweise erheblich geschädigt wurden. Sofort nach Bekanntwerden der Vorfälle begann eine intensive Suche nach den Ursachen. Dabei arbeiteten das Ministerium für Ernährung und Ländlichen Raum in Baden-Württemberg (MLR) und die Behörden vor Ort mit der Imkerschaft, der Bienenuntersuchungsstelle im Julius Kühn-Institut (JKI), dem Bundesamt für Verbraucherschutz und Lebensmittelsicherheit (BVL) und der Pflanzenschutzmittel-Industrie zusammen. Schnell richtete sich der Verdacht auf Maissaatgut, das mit dem insektiziden Wirkstoff Clothianidin behandelt war, ein Verdacht, der durch die chemischen Analysen des Julius Kühn-Instituts bestätigt wurde.

Es ist davon auszugehen, dass das nachgewiesene Clothianidin von behandeltem Maissaatgut stammt, bei dem der Wirkstoff nicht ausreichend an den Körnern haftete, so dass es wegen dieser geminderten Beizqualität zu einem starken Abrieb kam. In der Oberrheinebene wurden zur Aussaat pneumatische Sägeräte mit Saugluftsystemen eingesetzt, die aufgrund ihrer Konstruktion den Abriebstaub in die Luft abgeben. So konnte der Abriebstaub auf blühende Pflanzen gelangen. Zu nennen sind hier aufgrund der späten Aussaat von Mais blühende Raps- und Obstblüten, die intensiv von Honigbienen beflogen wurden.

Die regionale Verteilung der Bienenschäden und Untersuchungen des Saatguts lassen darauf schließen, dass Qualitätsmängel bei bestimmten Chargen des Maissaatguts vorlagen, die speziell zum Schutz gegen den Westlichen Maiswurzelbohrer behandelt waren. Für diesen Zweck war erstmalig eine höhere Aufwandmenge zugelassen als bisher für den Schutz gegen Fritfliege und Drahtwurm.

Das BVL hat deshalb aus Vorsorgegründen mit Bescheid vom 15. Mai 2008 das Ruhen der Zulassung mit sofortiger Vollziehung gemäß § 80 Abs. 2 Satz 1 Nr. 4 VwGO u. a. für die folgenden Saatgutbehandlungsmittel für Mais- bzw. Rapssaatgut angeordnet:

1. Antarc, BVL Zulassungsnummer 4674-00
2. Chinook, BVL Zulassungsnummer 4672-00
3. Cruiser 350 FS, BVL Zulassungsnummer 4914-00
4. Cruiser OSR, BVL Zulassungsnummer 4922-00
5. Elado, BVL Zulassungsnummer 5849-00
6. Faibel, BVL Zulassungsnummer 4704-00
7. Mesurol flüssig, BVL Zulassungsnummer 3599-00
8. Poncho, BVL Zulassungsnummer 5272-00

Die Zulassung für das ebenfalls für die Behandlung von Mais- und Rapssaatgut zugelassene Pflanzenschutzmittel Combicoat CBS, BVL Zulassungsnummer 3695-00, war zuvor schon aus anderen Gründen widerrufen worden. Da der Widerruf jedoch noch nicht bestandskräftig war, wurde in diesem Fall mit Bescheid vom 2. Juni 2008 die sofortige Vollziehung des Widerrufs nach § 80 Abs. 2 Satz 1 Nr. 4 VwGO angeordnet.

Begleitet wurde das Ruhen der Zulassungen durch den Erlass der Verordnung über das Verbot der Aussaat von Maissaatgut mit bestimmten Geräten vom 22. Mai 2008 durch das Bundesministerium für Ernährung, Landwirtschaft und Verbraucherschutz (BMELV).

In der Folge wurde die Sachverhaltsaufklärung weiter fortgeführt. Zu diesem Zweck wurden mehrere Fachgespräche im BVL durchgeführt, bei denen die beteiligten Interessengruppen, d. h. Pflanzenschutzmittelhersteller, Saatgutproduzenten und Saatgutbehandlungsunternehmen sowie Sämaschinenhersteller, Verbände und unabhängige Experten aus dem JKI und der Deutschen Landwirtschafts-Gesellschaft (DLG), gehört wurden. Diese Fachgespräche, die anfänglich auf behandeltes Maissaatgut fokussiert waren, ergaben, dass nach dem Stand der Erkenntnisse bei der Aussaat von mit Antarc, Chinook, Cruiser OSR und Elado behandeltem Rapssaatgut mit der Situation während der Maisaussaat vergleichbare Szenarien mit an Sicherheit grenzender Wahrscheinlichkeit ausgeschlossen werden können. Das Ruhen der Zulassungen wurde insoweit jeweils mit Bescheid vom 25. Juni 2008 aufgehoben. Die betroffenen Anwendungen wurden hierbei mit weiteren Auflagen insbesondere zur Vermeidung freier Stäube und Verbesserung der Abriebfestigkeit versehen.

Nicht aufgehoben ist bisher das Ruhen der Zulassungen der Pflanzenschutzmittel zur Behandlung von Maissaatgut. Dies war bisher u. a. wegen der nachfolgend dargelegten Defizite nicht möglich.

So hat sich u. a. gezeigt, dass durch die bisherige Saatgutbehandlung eine ausreichende Qualität des Saatguts im Hinblick auf Abrieb nicht ausreichend sicher gestellt ist. Ebenso wurde deutlich, dass die staatlichen Regelungsbefugnisse betreffend der Einfuhr / des Inverkehrbringens von behandeltem Saatgut, der Ausbringung von behandeltem Saatgut oder der bei der Ausbringung zu verwendenden Geräte nicht ausreichend sind, um Schadensfälle wie den aufgetretenen zu verhindern oder zumindest in angemessener Weise reagieren zu können. Schließlich werden die Vorschriften für die Kennzeichnung von Saatgut, das mit Pflanzenschutzmitteln behandelt ist, dem hiermit verbundenen Gefahrenpotential nicht hinreichend gerecht.

Im Hinblick auf diese Defizite im Rechtsrahmen gab es gerade in der letzten Zeit intensive Diskussionen zwischen BMELV und BVL. Das Ergebnis ist ein erster Rohentwurf für ein Gesetz zur Änderung des Pflanzenschutzgesetzes. Nach diesem Entwurf soll u. a. die Ausbringung von mit Pflanzenschutzmitteln behandeltem Saatgut als Anwendung eines Pflanzenschutzmittels eingestuft werden. Dies ermöglicht es, die Ausbringung durch Auflagen nach § 15 Abs. 4 PflSchG oder Anwendungsbestimmungen nach § 15 Abs. 2 Nr. 2 PflSchG zu reglementieren. Der Entwurf sieht auch eine Erweiterung der Kennzeichnungsvorschriften für mit Pflanzenschutzmitteln behandeltem Saatgut vor.

Weiterhin ist angedacht, z. B. per Verordnung Vorgaben, u. a. zur Beizqualität und zur zu verwendenden Aussaattechnik, zu machen. Dies hätte u. a. den Vorteil, dass auch die Aussaat von im Ausland behandeltem und anschließend nach Deutschland eingeführtem Saatgut geregelt wäre.

Die angedachten Änderungen werden jedoch nicht kurzfristig realisiert werden können. Abgesehen von der üblichen Dauer von Gesetzgebungsprozessen sind auch noch nicht alle fachlichen Fragen abschließend geklärt. Während unter Federführung des Bundesverband Deutscher Pflanzenzüchter (BDP) und des Industrieverbands Agrar (IVA) der seitens der Behörden als erforderlich angesehene Handlungsbedarf zur Verbesserung der Saatgutqualität von Mais aufgegriffen wurde und mit verbesserter Saatgutqualität zukünftig eine Voraussetzung für die sichere Ausbringung von Maissaatgut erfüllt werden kann, ist eine flächendeckende Verfügbarkeit emissionsarmer Sägeräte für die Saison 2009 nicht sicher. Während nach Schätzung der Bayer CropScience für die Ausbringung von mit Neonikotinoiden behandeltem Maissaatgut im Süden Deutschlands von wenigen Hundert Sägeräten ausgegangen werden muss, ist die erforderliche Anzahl von emissionsarmen Sägeräten für die Ausbringung von Mesurol-behandeltem Saatgut in ganz Deutschland, d. h. auf etwa 1 Mio Hektar nur schwer abschätzbar. Es ist daher nicht abzusehen, inwieweit diese Technik bereits für das Jahr 2009 in dem erforderlichen Umfang zur Verfügung stehen wird.

Insofern wird es unumgänglich sein, die eventuelle Aufhebung des Ruhens der Zulassung von Mitteln zur Maissaatgutbehandlung durch den Erlass einer Eil-Verordnung zu begleiten. Diese sollte, soweit nach dem gegenwärtigen Stand der Erkenntnisse und unter Berücksichtigung des Vorsorgeprinzips möglich, Vorgaben zur Saatgutqualität und zur bei der Aussaat zu verwendenden Technik machen.

2 Hintergrund

Ende April und Anfang Mai 2008 kam es in einigen Regionen in Südwestdeutschland verbreitet zu Bienenvergiftungen. Sofort nach Bekanntwerden der Vorfälle begann eine intensive Suche nach den Ursachen. Dabei arbeiteten das Ministerium für Ernährung und Ländlichen Raum (MLR) in Baden-Württemberg, das Landwirtschaftliche Technologiezentrum Augustenberg (LTZ Augustenberg), die Universität Hohenheim, die Bienenuntersuchungsstelle im Julius Kühn-Institut (JKI), das Bundesamt für Verbraucherschutz und Lebensmittelsicherheit (BVL) mit Firmen der Pflanzenschutzmittelindustrie und mit der Imkerschaft (DIB, DBIB) zusammen. Bereits in der ersten Maiwoche d. J. wurde seitens des Deutschen Berufs- und Erwerbsimkerbundes (DBIB) vermutet, dass mit dem insektiziden Wirkstoff Clothianidin behandeltes Maissaatgut die Ursache für diese Bienenvergiftungen war, was bereits in der ersten Maihälfte durch die chemischen Analysen von Bienen- und Pflanzenproben des Julius Kühn-Instituts bestätigt werden konnte. Im Zeitraum vom 30. April bis zum 16. Mai wurden der Untersuchungsstelle für Bienenvergiftungen im JKI in Braunschweig von 58 Imkern Schäden an 1300 Bienenvölkern gemeldet. 70 Bienenproben, 33 Pflanzenproben, eine Maissaatprobe und zwei Pollenwaben wurden zur Analyse eingeschickt. Eine Kontaktgiftwirkung konnte bei 29 von 30 analysierten Bienenproben mit biologischen Tests nachgewiesen werden. Es wurden keine Anzeichen auf Bienenkrankheiten in den Proben entdeckt; auch der Befall mit Nosema-Sporen war sehr gering. Die Untersuchung der Pollenproben erbrachte keinen Hinweis auf ausschließliche Nutzung einer Massentracht wie Raps oder Obst; das Pollenspektrum zeigte, dass vielfältige Trachtpflanzen genutzt worden waren, darunter auch Löwenzahn. Auch die Befunde des LTZ Augustenberg belegten eine hohe Kontamination von an Maisflächen angrenzenden Kultur- und Wildpflanzen. In Kooperation mit dem LTZ Augustenberg und der Landesanstalt für Bienenkunde, Uni Hohenheim, wurden Pflanzenproben in einem Aussaatversuch von mit Poncho Pro gebeiztem Mais gewonnen. Rapspflanzen aus direkter Nachbarschaft zu diesem ausgesäten Maisfeld bestätigten die Kontaktgiftwirkung im Blatt-Kontakt-Test mit Honigbienen (Anhang 1).

Es war davon auszugehen, dass der nachgewiesene Wirkstoff Clothianidin von behandeltem Maissaatgut stammte, bei dem der Wirkstoff nicht ausreichend an den Körnern anhaftete, sodass es wegen dieser diesbezüglich minderen Saatgutqualität zu einem starken Abrieb und einer Akkumulation von freien Stäuben, die den Wirkstoff enthielten, in Saatgutpartien verschiedener Herkünfte kam. In der Oberrheinebene wurden zudem zur Aussaat pneumatische Sägeräte mit Saugluftsystemen verwendet, die aufgrund ihrer Konstruktion den Clothianidin-haltigen Staub über die Abluftführung direkt in die Luft abblasen. So konnte der Abriebstaub konzentriert auch auf blühende Pflanzen gelangen.

Clothianidin ist ein Wirkstoff aus der Gruppe der Neonikotinoide mit breitem Wirkungsspektrum. Der Wirkstoff wurde insbesondere für den Einsatz als **Bodeninsektizid zur Saatgutbehandlung** entwickelt. Clothianidin wurde in einem gemeinschaftlichen Verfahren der EU bewertet und im Jahr 2006 für zehn Jahre in eine Liste der Wirkstoffe aufgenommen, die in den Mitgliedstaaten der EU in Pflanzenschutzmitteln verwendet werden dürfen. Die Gruppe der Neonikotinoide umfasst zurzeit die folgenden fünf Wirkstoffe:

1. Acetamiprid
   Aufnahme in Anhang I der Richtlinie 91/414/EWG bis 2014; 11 zugelassene Mittel,
2. Clothianidin
   Aufnahme in Anhang I der Richtlinie 91/414/EWG bis 2016; 4 zugelassene Mittel,
3. Imidacloprid
   Aufnahme in Anhang I der Richtlinie 91/414/EWG voraussichtlich bis 2018; 37 zugelassene Mittel,
4. Thiacloprid
   Aufnahme in Anhang I der Richtlinie 91/414/EWG bis 2014; 9 zugelassene Mittel,
5. Thiamethoxam
   Aufnahme in Anhang I der Richtlinie 91/414/EWG bis 2017; 12 zugelassene Mittel.

Aus der Auflistung ist zu ersehen, dass alle Wirkstoffe im Rahmen der EU-Wirkstoffprüfung nach Durchführung eines Peer Reviews unter Beteiligung aller Mitgliedstaaten gemäß den gemeinsamen Grundsätzen nach Richtlinie 91/414/EWG als listungsfähig bewertet wurden und daher in den Anhang I der Richtlinie aufgenommen wurden. Eine maßgebliche Voraussetzung für die Zulassung von Pflanzenschutzmitteln in den Mitgliedstaaten ist damit für die genannten Wirkstoffe erfüllt.

Die Klasse der Neonikotinoide hat sich bereits heute als eine der wichtigsten Insektizidklassen im Pflanzenschutz etabliert. Die Neonikotinoide können in drei Unterklassen gruppiert werden:

1. Chloronicotinyl-Verbindungen (1. Generation): Imidacloprid, Thiacloprid,
2. Thianicotinyl-Verbindungen (2. Generation): Thiamethoxam, Clothianidin,
3. Andere Verbindungen.

Die Neonikotinoide weisen eine hohe Wasserlöslichkeit auf und erreichen so eine schnelle Wirkstoffaufnahme über Wurzeln, eine hohe Mobilität sowie eine gleichmäßige Verteilung in der Pflanze. Dadurch wird ein sehr guter Schutz vor Virusvektoren und anderen beißenden und saugenden Schädlingen erreicht. Wirkstoffe der Gruppe der Neonikotinoide unterbrechen die Reizweiterleitung im Nervensystem von Insekten. Die Neonikotinoide zeichnen sich ferner durch ein für Insektizide gutes Anwender- und Umweltprofil aus; allerdings verfügen Clothianidin, Imidacloprid und Thiamethoxam über eine außerordentlich hohe Toxizität gegenüber Honigbienen. Mittel, die diese Wirkstoffe enthalten und für die Anwendung im Spritzverfahren vorgesehen sind, sind daher als bienengefährlich gekennzeichnet, so dass ihre Anwendung den Bestimmungen der Bienenschutzverordnung unterliegt. Die Wirkstoffe Acetamiprid und Thiacloprid, weisen im Gegensatz zu den drei übrigen genannten Wirkstoffen eine außerordentlich geringe Bienengiftigkeit auf, so dass diese als bienenungefährlich eingestuft werden.

Die regionale Verteilung der Bienenschäden und Untersuchungen des Saatguts ließ darauf schließen, dass die Qualitätsmängel bei bestimmten Chargen des Maissaatguts vorlagen, die speziell zum Schutz gegen den Westlichen Maiswurzelbohrer behandelt waren. Für diese Zweckbestimmung war eine höhere Aufwandmenge zugelassen als für den Schutz gegen andere Schadinsekten wie Fritfliege und Drahtwurm, da für diesen Quarantäneschädling das Ziel der Eradikation angeordnet worden war.

Am 13. Mai 2008, noch vor der vollständigen Aufklärung der Vorfälle, informierte das Bundesamt für Verbraucherschutz und Lebensmittelsicherheit (BVL) die Öffentlichkeit erstmals durch eine Pressemitteilung „Hintergrundinformation zu den lokal aufgetretenen Bienenschäden in Süddeutschland" (http://www.bvl.bund.de) und ordnete am 15. Mai 2008 das Ruhen der Zulassung für acht insektizide Saatgutbehandlungsmittel an. Aus Vorsorgegründen erstreckte sich diese Maßnahme nicht nur auf Mittel zur Behandlung von Maissaatgut, sondern auch auf solche zur Behandlung von Rapssaatgut. Das Ruhen der Zulassungen wurde mit sofortiger Vollziehung gemäß § 80 Abs. 2 Satz 1 Nr. 4 VwGO für die folgenden Saatgutbehandlungsmittel angeordnet:

1. Antarc, BVL Zulassungsnummer 4674-00 (beta-Cyfluthrin; Imidacloprid),
2. Chinook, BVL Zulassungsnummer 4672-00 (beta-Cyfluthrin; Imidacloprid),
3. Cruiser 350 FS, BVL Zulassungsnummer 4914-00 (Thiamethoxam),
4. Cruiser OSR, BVL Zulassungsnummer 4922-00 (Fludioxonil; Metalaxyl-M; Thiamethoxam,
5. Elado, BVL Zulassungsnummer 5849-00 (beta-Cyfluthrin; Clothianidin),
6. Faibel, BVL Zulassungsnummer 4704-00 (Methiocarb; Imidacloprid),
7. Mesurol flüssig, BVL Zulassungsnummer 3599-00 (Methiocarb),
8. Poncho, BVL Zulassungsnummer 5272-00 (Clothianidin).

Mit der Anordnung des Ruhens der erwähnten Zulassungen wurden weitere Einfuhren, das weitere Inverkehrbringen sowie die weitere Anwendung der betroffenen Pflanzenschutzmittel ausgeschlossen. Gleiches gilt nach § 16e Absatz 2 PflSchG auch für Pflanzenschutzmittel, für die eine Verkehrsfähigkeitsbescheinigung mit Referenz auf eine der oben genannten Zulassungen erteilt wurde.

Am 24. Mai 2008 verbot das Bundesministerium für Ernährung, Landwirtschaft und Verbraucherschutz (BMELV) für vorerst 6 Monate die Aussaat von Maissaatgut mit pneumatischen Geräten zur Einzelkornablage, die mit Unterdruck arbeiten. Das Verbot galt für Maissaatgut, das mit den genannten Insektiziden behandelt worden war (Bundesanzeiger, S. 1822, vom 24. Mai 2008).

Das BVL hatte nachfolgend zu prüfen, inwieweit davon auszugehen war, dass die Zulassungsvoraussetzungen gemäß § 15 PflSchG für die genannten Pflanzenschutzmittel als nicht erfüllt zu bewerten waren. Diese Prüfung ergab, dass die Bienenvergiftungen in Süddeutschland auf eine wesentlich höhere Exposition von Honigbienen zurückzuführen waren, als im Rahmen des Zulassungsverfahrens für die bestimmungsgemäße und sachgerechte Anwendung von Saatgutbehandlungsmitteln für Mais berücksichtigt wurde. Aufgrund der erneuten Risikobewertungen, die aufgrund der Bienenschäden veranlasst wurden und die diese erhöhte Exposition berücksichtigen, konnten unvertretbare Auswirkungen auf Honigbienen nicht ausgeschlossen werden. Aufgrund dieser neuen Erkenntnisse wurde zur Vermeidung weiterer Bienenschäden bis zur endgültigen Klärung der Zusammenhänge und Sicherstellung einer im Hinblick auf die Vermeidung unvertretbarer Auswirkungen sicheren Anwendung aus Vorsorgegründen das Ruhen der Zulassungen für Mais aufrecht erhalten.

In der Ursachenaufklärung verdichtete sich, dass die weiteren Rahmenbedingungen der Maisaussaat in der Oberrheinebene im Jahr 2008 die massiven Bienenvergiftungen begünstigt hatten. Als die entscheidenden Besonderheiten dieser Rahmenbedingungen in der Rheinebene im Vergleich zur Bodenseeregion, wo ebenfalls Poncho-behandeltes Saatgut (aber andere Sorten als in der Rheinebene) mit anderer Sätechnik (keine Saugluftsysteme) ausgesät wurde, oder Bayern, wo aber vergleichbare Schäden an Honigbienen nicht zu verzeichnen waren, wurden genannt:

– die witterungsbedingt späte und nahezu gleichzeitige Einsaat in der Rheinebene auf insgesamt etwa 20000 ha (15000 ha mit 125 g as/ha, 5000 ha mit 50 g as/ha),
– die gleichzeitige Blüte von Raps- und Obstflächen, die von den Bienen, ebenfalls wegen der witterungsbedingt schlechten Flugbedingungen vor der Saat, ausgiebig beflogen wurden,
– der auf diese Bienenweiden, wegen der schlechten Anhaftung des Mittels am Saatgut, überdurchschnittlich hohe emittierte Abrieb,

- unterstützt durch eine Gerätetechnik, die zusätzlichen Abrieb erzeugt hatte,
- unterstützt durch Trockenheit und östliche Winde (starker und gerichteter Austrag von Stäuben aus der Fläche).

Kombinationswirkungen von Clothianidin und dem ebenfalls nachgewiesenen Wirkstoff Methiocarb, mit dem das Saatgut zusätzlich behandelt worden war, sind nicht bekannt. Von elf seitens Bayer CropScience aus dem Handel gezogenen und auf Abrieb untersuchten Saatgutproben, wiesen sechs Proben eine hohen Abrieb auf, bei vier Proben wurde vermutlich bei der Saatgutbehandlung kein Kleber verwendet, so dass der Abrieb hier besonders hoch war. Spätere Untersuchungen des JKI und des LTZ bestätigten teilweise sehr hohe Staubgehalte.

Zusätzlich wurden Informationen aus anderen Mitgliedstaaten der Europäischen Union eingeholt. Aus keinem weiteren Mitgliedstaat wurden Bienenvergiftungen in vergleichbar gravierender Ausprägung berichtet. Aus Frankreich wurde die großräumige Anwendung von Thiamethoxam-haltigen Saatgutbehandlungsmitteln berichtet, ohne dass dort Bienenvergiftungen beobachtet wurden. Aus Slowenien und Italien wurden einzelne Bienenvergiftungen gemeldet, allerdings konnten die Ursachen nicht zweifelsfrei auf Saatgutbehandlungsmittel zurückgeführt werden.

Zeitgleich mit diesen Sofortmaßnahmen hat sich das BVL intensiv mit dem Problem des Wirkstoffabriebs bei Saatgutbehandlungsmitteln auseinander gesetzt. Es galt zu klären, welche Faktoren bei der Saatgutbehandlung und bei der Aussaat eine Rolle spielen und wie sich die Belastung der Umwelt minimieren lässt. Dazu hatte das BVL Unterlagen von den Zulassungsinhabern angefordert und mehrere Fachgespräche durchgeführt, bei denen auch Saatguterzeuger, Vertreter der Landmaschinenindustrie und die Imkerschaft angehört wurden (27. Mai, 12. Juni, 14. Juli, 15. Juli). Im Juli 2008 wurden die Schäden nach den Erhebungen des Landes Baden-Württemberg auf etwa 11.500 Völker beziffert, die erheblich geschädigt worden waren.

Als Ergebnis der umfangreichen Beratungen wurde festgestellt, dass die mit der Aussaat von Maissaatgut aufgetretenen Probleme nicht auf die Rapsaussaat zu übertragen sind. Die Bewertung durch das Julius Kühn-Institut und die Ergebnisse aus dem Deutschen Bienenmonitoring ergaben keine Anhaltspunkte für eine mögliche Schädigung von Bienenvölkern. Durch das Julius Kühn-Institut und das Landwirtschaftliche Technologiezentrum Augustenberg wurden Saatgutproben aus dem Handel auf Abriebfestigkeit geprüft. Der Abrieb bei Rapsproben erwies sich als sehr gering und lag deutlich unter den Werten bei Mais. Weiterhin sind bei der Aussaat von Raps ausschließlich Maschinen im Einsatz, die Abriebstäube in den Boden, nur in geringem Maße aber in die Luft abgeben. Zudem gelangt mit behandeltem Raps weniger Wirkstoff auf einen Hektar als mit behandeltem Mais. Schließlich gibt es nach wie vor keine Anhaltspunkte dafür, dass Pollen und Nektar der Rapsblüten ein Risiko für Bienen darstellen könnten.

Das BVL hatte daher am 25. Juni 2008 die Zulassungen der Mittel Antarc, Chinook, Cruiser OSR und Elado für Raps unter der Auflage wieder in Kraft gesetzt, dass bei der Saatgutbehandlung sichergestellt wird, dass das Saatgut staubfrei und abriebfest ist, so dass kein Abriebstaub in die Luft abgegeben werden kann. Dadurch wurde unabhängig von der Selbstverpflichtung der Saatguterzeuger, die Haftmittelverwendung und stärkere Qualitätskontrollen zugesagt hatten, die Saatgutqualität erheblich verbessert.

Obwohl das BVL nach eingehender Prüfung zu dem Ergebnis gekommen war, dass die Rapsbeizung mit Clothianidinhaltigen Pflanzenschutzmitteln kein Risiko hinsichtlich einer möglichen Schädigung von Bienenvölkern darstellt, wurde den Zulassungsinhabern aus Vorsorgegründen zusätzlich empfohlen, auf Packungen mit behandeltem Rapssaatgut die folgenden Kennzeichnungen anbringen zu lassen:

- Die Ausbringung des behandelten Saatgutes sollte nicht mit pneumatischen Sägeräten (Saugluftsysteme) erfolgen, es sei denn, die Abluftführung ermöglicht die Ableitung von Stäuben in den Boden.
- Das behandelte Saatgut einschließlich enthaltener oder beim Sävorgang entstehender Stäube vollständig in den Boden einbringen.
- Keine Ausbringung des behandelten Saatgutes bei Wind mit Geschwindigkeiten über 5 m/s.
- Behandeltes Saatgut und Reste wie Bruchkorn und Stäube, entleerte Behältnisse oder Packungen sowie Spülflüssigkeiten nicht in Gewässer gelangen lassen. Dies gilt auch für indirekte Einträge über die Kanalisation, Hof- und Straßenabläufe sowie Regen- und Abwasserkanäle.

Es war festzustellen, dass die Anwendung von Rapssaatgut in der Saison 2008 höheren Sicherheitsstandards genügen würde, als dies in früheren Jahren der Fall war und insbesondere im Vergleich zu Importsaatgut gilt, das angewendet worden wäre, sofern das BVL das Ruhen der nationalen Zulassungen nicht aufgehoben hätte.

Bisher nicht gelöst ist jedoch die Frage, inwieweit die Managementmaßnahmen, die für die erforderliche Sicherheit bei der Behandlung und Aussaat von Maissaatgut getroffen werden müssen, in der Praxis eingehalten werden können. Bis zu einer abschließenden Entscheidung besteht für die Mittel zur Behandlung von Maissaatgut das Ruhen der Zulassung fort.

Am 15. Juli hatte das BVL zu einer Informationsveranstaltung eingeladen, an der neben den Behörden BVL und JKI auch Vertreter des Deutschen Imkerbundes, des Deutschen Berufs- und Erwerbsimkerbundes, der Bieneninstitute der Länder sowie Vertreter des Bundesverbands Deutscher Pflanzenzüchter, der Rapszüchter und der landwirtschaftlichen Praxis teilgenommen haben. Es wurde vereinbart, zukünftig die Zusammenarbeit zwischen den Imkern und der landwirtschaftlichen Praxis zu intensivieren und die Kommunikation auszubauen.

Das BVL hatte das Unternehmen Bayer CropScience außerdem verpflichtet, ein Konzept für ein Monitoring des Pflanzenschutzmittelwirkstoffs Clothianidin im Pollen von Maispflanzen in der Oberrheinebene zu entwickeln und mit dem BVL abzustimmen. Die Ergebnisse der Untersuchungen werden auch in die Entscheidung des BVL einfließen, ob und unter welchen Bedingungen die Zulassung der benannten Pflanzenschutzmittel wieder in Kraft gesetzt werden kann.

3 Rechtliche Grundlagen

Bei den in diesem Jahr in Süddeutschland aufgetretenen Bienenschäden hat sich u. a. gezeigt, dass die staatlichen Regelungsbefugnisse betreffend die Einfuhr / das Inverkehrbringen von behandeltem Saatgut nicht ausreichend sind, um Krisenfälle wie den aufgetretenen zu verhindern oder zumindest in angemessener Weise zu reagieren.

Die Einfuhr und das Inverkehrbringen von behandeltem Saatgut sind nach § 11 Abs. 3 PflSchG – vereinfacht gesprochen – erlaubt, wenn das anhaftende Pflanzenschutzmittel in Deutschland oder einem anderen Mitgliedstaat zugelassen ist. Selbst wenn also beispielsweise in Deutschland die Zulassung eines bestimmten Pflanzenschutzmittels aus fachlichen Gründen widerrufen wird, bleibt nach dieser Regelung die Einfuhr und das Inverkehrbringen von mit diesem Pflanzenschutzmittel behandeltem Saatgut möglich, solange die Zulassung des Pflanzenschutzmittels in irgendeinem Mitgliedstaat fortbesteht.

Weiterhin ist hervorzuheben, dass nach derzeitiger Rechtslage die Ausbringung von behandeltem Saatgut im Grunde keiner gesetzlichen Regelung unterliegt. Zwar existieren verschiedene gesetzliche Regelungen betreffend die Anwendung von Pflanzenschutzmitteln. Auch kann das BVL im Rahmen der Zulassungsentscheidung für ein Pflanzenschutzmittel für den Anwender verbindliche Anwendungsbestimmungen festsetzen. Allerdings geht der derzeitige Rechtsrahmen davon aus, dass die Anwendung eines Beizmittels in seiner Applikation auf das Saatgut besteht. Die spätere Aussaat des behandelten Saatgutes zählt nicht mehr zur Anwendung.

Auch ist ein Regelungsdefizit betreffend die bei der Ausbringung von behandeltem Saatgut zu verwendenden Geräte festzustellen. So finden sich im Pflanzenschutzgesetz und den auf seiner Grundlage ergangenen Verordnungen zwar Vorgaben zur Prüfung von Pflanzenschutzgeräten. Das Gesetz versteht unter Pflanzenschutzgeräten solche, die zur Ausbringung von Pflanzenschutzmitteln bestimmt sind. Entsprechend den Ausführungen im vorhergehenden Absatz sind deshalb zwar Beizgeräte als Pflanzenschutzgeräte anzusehen, nicht jedoch Sägeräte.

Schließlich ist die insbesondere für die Information des Erwerbers essentielle Kennzeichnung von mit Pflanzenschutzmitteln behandeltem Saatgut derzeit unzureichend. Sie richtet sich im Moment allein nach der Saatgutverordnung. Diese schreibt lediglich vor, dass Saatgut beim Inverkehrbringen im Falle der Behandlung mit einem Pflanzenschutzmittel mit der Bezeichnung des Mittels und der Zulassungsnummer oder alternativ mit dem Wirkstoff oder seiner Kurzbezeichnung zu kennzeichnen ist (§ 32 SaatV). Nicht vorgesehen ist beispielsweise die Angabe der gefahrstoffrechtlichen Einstufung und Kennzeichnung der anhaftenden Wirkstoffe bzw. Mittel gemäß der Richtlinie 1999/45/EG („Zubereitungsrichtlinie").

4 Gesundheitsschutz

Wirkstoffe, die zur Bekämpfung von Insekten zum Einsatz kommen, haben eine hohe Giftigkeit gegenüber den Zielorganismen. Demgegenüber kann die Toxizität für Säugetiere einschließlich des Menschen für einige dieser Wirkstoffe deutlich geringer sein. Dies gilt insbesondere für Wirkstoffe aus der Gruppe der Neonikotinoide (hier: Clothianidin, Imidacloprid, Thiamethoxam).

Die aufgeführten toxikologischen Grenzwerte geben an,

- welche Wirkstoffmengen gefahrlos für einen längeren Zeitraum über die Nahrung aufgenommen werden können (ADI – Acceptable Daily Intake).
- welche Wirkstoffmengen gefahrlos innerhalb eines kurzen Zeitraums über die Nahrung aufgenommen werden können (ARfD – Acute Reference Dose).
- welchen Wirkstoffmengen Anwender und Arbeiter im Rahmen ihrer Berufsausübung ohne gesundheitlich Bedenken ausgesetzt werden können (AOEL – Acceptable Operator Exposure Limit = duldbare Anwenderexposition). Dieser Grenzwert wird auch für die Abschätzung des Risikos einer Pflanzenschutzmaßnahme für unbeteiligte Dritte wie z. B. Spaziergänger sowie Anwohner herangezogen.

Im Rahmen des Zulassungsverfahrens erfolgt die Risikoabschätzung auf der Grundlage der aus den toxikologischen Untersuchungen abgeleiteten Grenzwerte und der zu erwartenden Exposition im Hinblick auf definierte Anwendungsbedingungen. Dabei wird sowohl der Verbraucherschutz als auch die Anwendungssicherheit betrachtet.

Eine Verbrauchergefährdung durch zugelassene Saatgutbehandlungen kann ausgeschlossen werden. Überwachte Rückstandsversuche belegen, dass Rückstände in Erntegütern durch behandeltes Saatgut so niedrig sind, dass sie sich nicht mehr oder nur in sehr geringen Konzentrationen analytisch bestimmen lassen. Schädliche Auswirkungen durch Verzehr von Erntegütern sind somit nicht zu erwarten.

Um Arbeiter und Anwender, die mit dem Pflanzenschutzmittel und dem gebeizten Saatgut direkt in Kontakt kommen können, ausreichend zu schützen, werden mit der Zulassung spezielle Schutzmaßnahmen wie Schutzkleidung oder Atemschutz angeordnet.

Der erhöhte Abrieb beim Umgang mit gebeiztem Maissaatgut war bei der ursprünglichen Zulassungsprüfung noch nicht bekannt und konnte somit auch nicht berücksichtigt werden. Nach derzeitigem Erkenntnisstand ist jedoch davon auszugehen, dass weder Anwender, Arbeiter noch andere in der Nähe befindliche Personen („Bystander", Anwohner) gefährdet sind.

Durch Maßnahmen zur Steigerung der Beizqualität und damit verbunden zur Verringerung der Staubbildung durch Abrieb sowie durch Verbesserung der Aussaattechnik kann die Exposition und somit das gesundheitliche Risiko für Betroffene weiter verringert werden.

Tab. 1 Toxikologische Grenzwerte für Clothianidin, Imidacloprid, Thiamethoxam und Methiocarb (KG = Körpergewicht).

Wirkstoff	ADI	ARfD	AOEL
Clothianidin	0.097 mg/kg KG pro Tag	0.1 mg/kg KG	0.1 mg/kg KG pro Tag
Imidacloprid	0.06 mg/kg KG pro Tag	0.4 mg/kg KG	0.15 mg/kg KG pro Tag
Thiamethoxam	0.026 mg/kg KG pro Tag	0.5 mg/kg KG	0.08 mg/kg KG pro Tag
Methiocarb	0.013 mg/kg KG pro Tag	0.013 mg/kg KG	0.013 mg/kg KG pro Tag

5 Schutz des Naturhaushalts

Der Wirkstoff Clothianidin weist im Einklang mit seiner Zweckbestimmung als Insektizid ein Gefährdungspotential nicht nur für die so genannten Zielorganismen (hier: Westlicher Maiswurzelbohrer), sondern auch für andere Insektenarten auf. Die Honigbiene reagiert besonders empfindlich auf den Wirkstoff; sie ist im Zusammenhang mit den beobachteten Schäden somit als Indikatorart anzusehen. Es ist davon auszugehen, dass auch andere Arthropoden-Arten durch den Austrag von belastetem Staub dem Wirkstoff Clothianidin (sowie dem in der Saatgutbeize zusätzlich enthaltenen ebenfalls insektiziden Wirkstoff Methiocarb) ausgesetzt waren und in Mitleidenschaft gezogen wurden. Dies gilt insbesondere für Arten, für die aufgrund ihres Verhaltens von einer vergleichbaren Exposition sowie mit einer ähnlichen Empfindlichkeit gegenüber dem Wirkstoff zu rechnen ist (z. B. Wildbienen). Darüber hinaus stellt sich die Frage, inwieweit weitere Nichtziel-Organismen wie Vögel, die kontaminierte Pflanzen bzw. Insekten fressen, oder Gewässerorganismen in einem benachbarten Oberflächengewässer betroffen sein könnten.

Die Anwendung von Pflanzenschutzmitteln zur Saatgutbehandlung wird unter dem Gesichtspunkt möglicher Einträge in die Umwelt als vergleichsweise schonend angesehen, da sie eine sehr gezielte Applikation des Wirkstoffs an den Ort der Wirkung (Samenkorn, Keimling) ermöglicht. Auf diese Weise kann die gesamte auf der Kulturfläche auszubringende Wirkstoffmenge verringert und eine Kontamination von nicht behandelten Flächen vermieden werden. Letzteres gilt jedoch nur, wenn unter den praktischen Rahmenbedingungen (wie z. B. Qualität der Beizung, Umgang mit dem Saatgut, Sägerätetechnik) dieser Ansatz auch konsequent umgesetzt werden kann.

Auf der Grundlage der im Zulassungsverfahren für das Pflanzenschutzmittel Poncho vorgelegten Daten, zu denen auch die Ergebnisse einer Studie zur möglichen Staub-Abdrift bei der Aussaat von behandeltem Maissaatgut gehörte, war bei sachgerechter Anwendung ein Austrag des Wirkstoffs in benachbarte Flächen (z. B. Felder oder Saumstrukturen mit blühenden Pflanzen) in Mengen, die zu Vergiftungen von Bienen und anderen Insekten führen könnten, nicht zu erwarten. Die Aufklärung der Ursachen für die aufgetretenen Bienenschäden bildet den Ausgangspunkt für eine grundlegende Überprüfung der Bewertungsgrundsätze im Zulassungsverfahren für Saatgutbehandlungsmittel. In diesem Zusammenhang ist die realitätsnahe Abschätzung einer möglichen Exposition von Nichtziel-Organismen auf benachbarten Flächen von zentraler Bedeutung. Außerdem ist zu prüfen, welche geeigneten Risikominderungsmaßnahmen gegebenenfalls umgesetzt werden müssen, um eine Kontamination von Nichtziel-Flächen und daraus folgende Auswirkungen zu verhindern. Bis zur Klärung dieser Fragen hat das BVL als Zulassungsbehörde für Pflanzenschutzmittel das Ruhen der Zulassung für insektizide Saatgutbehandlungsmittel für den Einsatz in Mais angeordnet.

6 Gehalte von Stäuben in Saatgutpartien

Zum 14. Juli 2008 hatte das BVL zu einem Fachgespräch eingeladen, an dem neben den Behörden BVL und dem JKI auch Vertreter verschiedener Verbände wie des Industrieverbands Agrar (IVA), des Bundesverbands Deutscher Pflanzenzüchter (BDP), des Deutschen Maiskomitees, des Deutschen Bauernverbands (DBV), des Verbands Deutscher Maschinen- und Anlagenbau (VDMA) und verschiedene Saatgutproduzenten sowie Hersteller von Sägeräten teilnahmen.

Die Ursachenanalyse hatte ergeben, dass Saatgutpartien von mit Poncho / Poncho Pro behandeltem Mais mit außerordentlich hohem Staubanteil bzw. Abrieb, zusammen mit einer speziellen Gerätetechnik (Saugluftsysteme) als Hauptursachen der Bienenvergiftungen zu bezeichnen sind. In dem Fachgespräch sollten Handlungs- bzw. Lösungsoptionen für die Saison 2009 durch die beteiligten Interessengruppen aufgezeigt werden.

Seitens des JKI wurden Untersuchungsergebnisse zur Quantifizierung von Staubgehalten in Saatgutpackungen von Mais (Saatgutbehandlung zumeist für Saison 2008), die aus dem Handel und von den Züchterhäusern bezogen wurden, vorgestellt (Anhang 2). Untersucht wurde die Behandlung verschiedener Sorten, von verschiedenen Züchtern, mit verschiedenen Wirkstoffen. Die Staubanteilbestimmung erfolgte auf einer einfachen Saatgutreinigungsmaschine durch Entleerung ganzer, geschlossen verbliebener Packungen. Zusätzlich wurden Abriebmessungen mit dem Heubachgerät (JKI) bzw. nach CIPAC Methoden (BVL) durchgeführt. Als Ergebnis wurde festgestellt, dass die Beizqualität im Mais stark schwankt (n = 25), Werte unter 0,1 g Staub/ha wurden nie erreicht (0 % < 1 g Staub/ha, 78 % > 1 ≤ 10 g Staub/ha, 22 % > 10 g Staub/ha, max. 58,5 g Staub/ha), Wirkstoffgehalte im Staub von > 10 % sind möglich. Schlußfolgerungen:

- Verbesserung in der Beizqualität bei Mais ist erforderlich,
- Abriebmessungen bei Mais zeigen im Heubachtest oder mit CIPAC 171 kaum die später auftretenden Staubanteile an,
- ein großes Problem stellen die Lieschblattreste als kontaminierte Staubbestandteile dar,
- der Anteil an Lieschblattresten kann sehr variieren,
- Saatgutreinigung ist vor und nach Behandlung notwendig.

Ähnliche Ergebnisse wurden seitens des LTZ Augustenberg ermittelt. Untersucht worden waren 37 Saatgutpartien, die ebenfalls Stäube bis maximal ca. 50 g/ha enthielten; keine der Proben wies kein Clothianidin im Staub auf. Abdriftuntersuchungen mit auf unterschiedliche Weise umgerüsteten Sägeräten (Saugluftsystem, Abluft oben, unten und in die Furche) belegten lediglich bei Ableitung der Abluft zumindest teilweise in den Boden eine nennenswerte Reduzierung der Wirkstoffgehalte auf angrenzenden Rapsflächen.

Auf Grundlage der vorliegenden Untersuchungsergebnisse wurden seitens BVL die folgenden Forderungen abgeleitet:

- PSM-Hersteller: Einführung von Abriebtests und Optimierung der Formulierungen, Qualitätssicherung,
- Saatgutfirmen: Verwendung von Stickern (Abbindern), freiwillige Einführung von Abriebtests vor Inverkehrbringen des Saatgutes, Qualitätssicherung, vollständige Kennzeichnung analog § 20 PflSchG auf den Saatgutverpackungen,
- Gerätehersteller: technische Optimierung / Umrüstung, freiwilliger Gerätetest durch JKI.

Nach Auskunft des IVA wurden durch die Zulassungsinhaber der genannten Pflanzenschutzmittel verschiedene Methoden überprüft, um Abriebfestigkeit und Staubfreiheit von behandeltem Saatgut frühzeitig feststellen zu können. Als geeignetes Testverfahren wurde der Heubachtest beschrieben (Anhang 3). Der IVA hat darüber hinaus im Zusammenhang mit den aktuellen Bienenvergiftungen zu allen relevanten Diskussionspunkten Arbeitsgruppen gegründet. Als erste grundsätzliche Zielsetzungen wurden genannt:

- keine Nachbeizungen von bereits behandeltem Saatgut,
- Festsetzung eines Qualitätsmerkmals (einschl. rechtlich verbindlicher Grenzwertfestlegung zwischen Pflanzenschutzmittel- und Saatgutherstellern),
- Umrüstung von Sägeräten, die eine Deposition von technisch nicht vermeidbaren Stäuben in den Boden sicherstellen.

Seitens der im Bundesverband Deutscher Pflanzenzüchter (BDP) organisierten Maiszüchter wurde ein umfangreiches Maßnahmenpaket zur Erarbeitung einheitlicher Standards für die Anwendung insektizider Saatgutbehandlungsmittel erarbeitet und vorgestellt:

Handlungsfeld 1
- Optimierung der Beizrezepturen unter Verwendung von geeigneten Haft- und Fließmitteln mit dem Ziel, Abriebfestigkeit und Staubfreiheit in Abstimmung mit den Beizmittelherstellern zu verbessern.
- Optimierung des Beizvorgangs zur Minimierung prozessbedingter freier Stäube in Zusammenarbeit mit den Beizherstellern und den Herstellern von Beizgeräten.
- Beschreibung, Überwachung und Dokumentation der Beiz- und Produktionsprozesse zur Einhaltung der definierten Qualitätsparameter.

Handlungsfeld 2
- Mitarbeit bei der Erarbeitung einer standardisierten und praktikablen Untersuchungsmethode zur Bestimmung von freien Stäuben.
- Erarbeitung von Orientierungswerten für den unvermeidbaren Abrieb sowie im Abrieb enthaltener Wirkstoffe zur Minimierung der Umweltbelastung, insbesondere durch insektizide Beizmittel.

Handlungsfeld 3
- Zusätzliche Kennzeichnung der Verpackungseinheiten von Maissaatgut. Hierbei sind die internationalen Warenströme im Saatgutverkehr zu berücksichtigen.
- Erarbeitung eines Leitfadens zur guten fachlichen Praxis im Umgang mit insektizidgebeiztem Maissaatgut in Bezug auf Transport, Lagerung und Aussaat.

Die Umsetzung der in den Handlungsfeldern beschriebenen Maßnahmen als Grundlage für die Entscheidung der Zulassungsbehörden wurde bis Oktober 2008 vorgesehen, um einen reibungslosen Ablauf der Saatgutaufbereitung für die Saison 2009 gewährleisten zu können.

Die European Seed Association wurde über die Problemlage und die Lösungsvorstellungen des BVL informiert, so dass bereits die internationale Ebene der Saatgutproduzenten involviert war.

7 Kennzeichnung von Saatgutverpackungen

Pflanzenschutzmittel dürfen nur nach einer Zulassung durch das BVL in Verkehr gebracht und angewandt werden. Die Zulassung verbindet das BVL mit Kennzeichnungsauflagen und Anwendungsbestimmungen, die dem Anwender die notwendigen Informationen geben, damit unter Beachtung der Gebrauchsanleitung und der Grundsätze der guten fachlichen Praxis die Ausbringung des Mittels ohne unerwünschte Nebenwirkungen durchgeführt werden kann. Darüber hinaus unterliegen Pflanzenschutzmittel den gefahrstoffrechtlichen Regelungen zur Einstufung und Kennzeichnung gemäß Zubereitungs-Richtlinie 1999/45/EG.

Saatgutbehandlungsmittel enthalten in hohen Konzentrationen die Wirkstoffe, die auf das Saatgut aufgebracht werden sollen. Insbesondere bei den insektiziden Wirkstoffen handelt es sich in der Regel um Substanzen, die auf Gewässerorganismen hoch toxisch wirken, so dass die entsprechenden Mittel als umweltgefährlich gekennzeichnet werden müssen. Für einzelne Mittel ist auch eine Kennzeichnung als giftig für den Menschen erforderlich.

Wie bereits in Kapitel 3 ausgeführt, müssen die derzeitigen rechtlichen Rahmenbedingungen im Hinblick auf die Kennzeichnung von Saatgut, das mit Pflanzenschutzmitteln behandelt wurde, als unzureichend angesehen werden. Es besteht danach keine Verpflichtung, die für das Mittel bei der Zulassung erteilten Auflagen und Anwendungsbestimmungen wie auch die gefahrstoffrechtliche Kennzeichnung des Mittels auf der Saatgutpackung anzugeben. Dies erweist sich als besonders problematisch, wenn eine positive Beurteilung im Rahmen des Zulassungsverfahrens nur unter Berücksichtigung von Vorgaben möglich ist, die bei der Ausbringung des behandelten Saatgutes beachtet werden müssen. Mögliche Umweltauswirkungen werden nicht bei der eigentlichen Anwendung des Pflanzenschutzmittels, der Saatgutbehandlung, sondern allenfalls bei oder nach der Aussaat auftreten. Aus diesem Grund muss bereits im Zulassungsverfahren dieser weitere Schritt für die Bewertung z. B. einer Gefährdung des Grundwassers durch Versickerung oder von Vögeln durch Aufnahme der behandelten Samenkörner mit betrachtet werden. Sich aus dieser Bewertung ergebende Beschränkungen, die in Form von Anwendungsbestimmungen mit der Zulassung festgesetzt werden, werden bislang von Saatgutherstellern lediglich auf freiwilliger Basis auf den Verpackungen für behandeltes Saatgut übernommen.

8 Emission von Stäuben durch Sägeräte

Bereits erste Untersuchungen der Bayer CropScience belegten, dass Sägeräte verschiedener Hersteller oder unterschiedlichen Bautyps unterschiedlich hohe Mengen an Abrieb bzw. Emissionen verursachten. So unterschieden sich beispielsweise Abriebmengen zwischen zwei Gerätetechniken einer Firma um den Faktor 3. Nach diesen Untersuchungen ließen sich Sägeräte jedoch durch Änderung der Abluftführung auf oder in den Boden dahingehend modifizieren, dass die Emissionen in angrenzenden Flächen erheblich reduziert werden. Durch Verlangsamung der Luftaustrittsgeschwindigkeit und eine bodennahe Ableitung des Luftstromes konnte die Sedimentierung von Stäuben auf Flächen außerhalb der Behandlungsfläche deutlich reduziert werden. Allerdings müssen Lösungen für die Reinigung von dabei kontaminierten Konstruktionsteilen gefunden werden.

Nach Einschätzung des VDMA wurden Umrüstungen der Sägerätetechnik vor der Saison 2009 als wenig realistisch eingeschätzt. Verschiedene Gerätehersteller wiesen auf die ggf. aufwändigen technischen Umrüstungen hin, für die verlässliche Ziel- und Zeitvorgaben erforderlich seien. Nach Vorstellungen des BVL muss die Zielsetzung sein, dass Stäube durch die Abluftführung zukünftig nicht frei in die Umwelt emittiert werden. Sollte die gesamte Prozesskette eine sichere Anwendung von Saatgutbehandlungsmitteln im Jahr 2009 nicht gewährleisten können, werden die Behörden nach dem Muster des Jahres 2008 handeln müssen.

9 Ausblick

9.1 Gesetzesänderung

Es ist vorgesehen, den Rechtsrahmen zu optimieren. Angedacht sind u. a. abstrakte Vorgaben (z. B. in einer Verordnung), insbesondere zur zu erreichenden Beizqualität zu machen, die einheitlich für alle Saatgutbehandlungsmittel und -vorgänge gelten. Dies hätte u. a. den Vorteil, dass auch solche Saatgutbehandlungen reglementiert wären, bei denen Saatgutbehandlungsunternehmen Mischungen verschiedener Pflanzenschutzmittel unter Verwendung hauseigener Sticker applizieren. Weiterhin würden die entsprechenden Vorgaben ohne weiteres auch auf im Ausland behandeltes und anschließend nach Deutschland eingeführtes Saatgut gelten. Die Details werden augenblicklich noch diskutiert. Denkbar ist die Festlegung eines Grenzwertes für den Staubgehalt in den abgabefertigen Saatgutpackungen.

Betreffend die Einfuhr von behandeltem Saatgut aus dem EU-Ausland und das anschließende Inverkehrbringen wird zukünftig aller Voraussicht nach dem BVL die Befugnis eingeräumt werden, hier im Bedarfsfall regulierend einzugreifen, dergestalt, dass die Einfuhr untersagt oder mit Auflagen versehen werden kann. Auch werden sich der Widerruf oder die Anordnung des Ruhens bestimmter Zulassungen in Deutschland auf die Einfuhr von Saatgut, dass mit den betroffenen Wirkstoffen behandelt ist, auswirken. Die Einfuhr wird nicht möglich sein, wenn die entsprechenden Zulassungen in Deutschland widerrufen wurden oder solange sie ruhen.

Weiter ist angedacht, die Ausbringung von Saatgut, dem ein bestimmtes Pflanzenschutzmittel anhaftet, per gesetzlicher Definition in den Begriff der Anwendung einzubeziehen. Dies hätte zahlreiche Vorteile. Es wäre dann z. B. möglich, mit der Mittelzulassung durchsetzbare Anwendungsbestimmungen, die ggf. erforderlich sind, um die Zulassungsvoraussetzungen zu erfüllen, auch für die Saatgutausbringung zu erteilen. Ein weiterer, wünschenswerter Effekt der Einbeziehung wäre, dass die Vorgaben des Pflanzenschutzgesetzes, welche die Anwendung von Pflanzenschutzmitteln betreffen (z. B. Einhaltung der guten fachlichen Praxis, Aufzeichnungspflicht, Sachkundeerfordernis) dann auch für die Ausbringung von behandeltem Saatgut gelten würden. Schließlich ist darauf zu verweisen, dass die Einbeziehung dazu führen würde, dass Geräte zur Ausbringung von behandeltem Saatgut als Pflanzenschutzgeräte anzusehen wären. Damit bestünde die Möglichkeit, dem Einsatz der entsprechenden Geräte die Geräteprüfung beim JKI voranzustellen, ggf. mit anderen Rahmenbedingungen als bei Pflanzenschutzgeräten im herkömmlichen Sinne.

9.2 Zulassungsverfahren

Vor dem Hintergrund der aufgetretenen schweren Bienenschäden als Folge der Ausbringung von Maissaatgut, dass mit Pflanzenschutzmitteln behandelt war, ist eine grundlegende Überprüfung der Bewertungsgrundsätze im Zulassungsverfahren für Saatgutbehandlungsmittel erforderlich. Auf der Basis der vorliegenden Daten konnte bislang davon ausgegangen werden, dass ein Austrag von Wirkstoffen aus Saatgutbehandlungsmitteln in benachbarte Flächen nicht in bewertungsrelevanten Mengen erfolgt. In Zusammenarbeit mit der für Auswirkungen von Pflanzenschutzmitteln auf den Naturhaushalt zuständigen Bewertungsbehörde Umweltbundesamt wird unter Berücksichtigung der neuen Erkenntnisse geprüft, wie eine realitätsnahe Expositionsabschätzung für Nichtziel-Flächen abgeleitet werden kann. In laufenden Zulassungsverfahren für insektizide Saatgutbehandlungsmittel wurden bereits entsprechende Daten von den Antragstellern angefordert. Die für eine Bewertung erforderlichen Effektdaten dürften in den meisten Fällen im Rahmen der vorliegenden Dossiers verfügbar sein. Die Bewertung möglicher Risiken für Nichtziel-Organismen wird sich nicht auf Bienen und andere Insektenarten beschränken, sondern alle Organismengruppen einschließen, so dass im Hinblick auf Risikobewertung und Ableitung von Risikominderungsmaßnahmen ebenso verfahren wird, wie dies bei der Beurteilung von Mitteln zur Spritzapplikation regelmäßig geschieht.

Von zentraler Bedeutung für die künftige Zulassungsfähigkeit insektizider Saatgutbehandlungsmittel wird es sein, durch geeignete Maßnahmen sicherzustellen, dass die nach dem Stand der Technik erreichbare Minderung von Wirkstoffausträgen auch umgesetzt wird – das Mittel also weitestgehend an dem der Zweckbestimmung entsprechenden Ort, der Beizhülle des Saatkorns, verbleibt. Um dies zu erreichen, sind – wie in Kapitel 6 und 8 dargelegt – sowohl Verbesserungen der Saatgutqualität hinsichtlich Staubfreiheit und Abriebfestigkeit als auch der Sägerätetechnik in Bezug auf die Emission von wirkstoffhaltigen Stäuben notwendig. Vor diesem Hintergrund ist die (zumindest für einige Kulturen angewendete) Praxis der Hofbeizung für insektizide Saatgutbehandlungsmittel in Frage zu stellen, da hier im Vergleich zu professionellen Beizanlagen die erforderlichen technischen Möglichkeiten zur Qualitätssicherung (z. B. Staubabsaugung) sehr begrenzt oder gar nicht vorhanden sind. Von Seiten der Zulassungsinhaber ist angekündigt worden, dass insektizide Saatgutbehandlungsmittel in Zukunft nicht mehr in den Handel gelangen sollen, sondern ausschließlich direkt an Saatguterzeuger geliefert werden, sofern sich diese vertraglich verpflichten, entsprechende Qualitätsstandards einzuhalten.

Über die beiden genannten Handlungsbereiche hinaus gehende Risikominderungsmaßnahmen, wie sie in Form von Anwendungsbestimmungen für Pflanzenschutzmittel zur Spritzapplikation erteilt werden (z. B. Einhaltung von Abständen zu Saumstrukturen oder Oberflächengewässern), stehen derzeit nicht zur Verfügung. Die hierdurch erreichbaren Expositionsminderungen in der Nichtziel-Fläche müssten zunächst durch entsprechende quantitative Daten belegt werden. Zudem wäre die Umsetzbarkeit derartiger Beschränkungen in der landwirtschaftlichen Praxis zu prüfen.

Die im Frühjahr 2008 aufgetretenen Bienenschäden sind zurückzuführen auf die Aussaat von behandeltem Maissaatgut. Aus verschiedenen Gründen ist Mais als besonders anfällig im Sinne des ursächlichen Expositionspfades über verdriftete wirkstoffhaltige Staubpartikel anzusehen. Zu nennen sind die unregelmäßige Korngeometrie, welche das Aufbringen einer gleichmäßigen Beizschicht erschwert, wie auch die Tatsache, dass oftmals den Körnern Reste von Hüllblättern anhaften, die sich nach der Beizung mit der anhaftenden Schicht lösen und damit den Staubgehalt im Saatgut erheblich steigern können. Darüber hinaus erfolgt die Aussaat von Mais mit Einzelkornsägeräten, die überwiegend mit pneumatischen Unterdrucksystemen arbeiten, welche bislang den Staub mit der Abluft ausblasen.

Aus den genannten Gründen konzentrieren sich die hier dargelegten Maßnahmen und Prüfungen zunächst im Wesentlichen auf insektizide Saatgutbehandlungsmittel für die Anwendung in Mais. Für die Saatgutbehandlung anderer Kulturen gilt es jedoch grundsätzlich in gleicher Weise die Beurteilungsmaßstäbe im Zulassungsverfahren für Pflanzenschutzmittel zu aktualisieren. Für insektizide Saatgutbehandlungsmittel für die Anwendung in Raps war nach Meldung der Bienenschäden aus Vorsorgegründen im Mai 2008 ebenfalls das Ruhen der Zulassung angeordnet worden. Nachdem gezeigt werden konnte, dass Rapssaatgut und dessen Aussaat, insbesondere im Hinblick auf die oben genannten Charakteristika, völlig anders zu beurteilen ist als Mais, wurde die Zulassung Ende Juni 2008 wieder in Kraft gesetzt. Weder seitens des JKI noch von anderen Stellen sind Vergiftungen von Honigbienen infolge Rapsaussaat gemeldet worden, so dass die getroffenen Annahmen bestätigt wurden.

Im Zusammenhang mit den durch Staubabdrift verursachten Bienenschäden ist wiederholt die Möglichkeit diskutiert worden, dass Bienen zudem durch kontaminierten Nektar und Pollen geschädigt werden könnten. In diesem Zusammenhang wird darauf verwiesen, dass Wirkstoffe aus der Gruppe der Neonicotinoide im Boden nur langsam abgebaut und von Pflanzen aufgenommen und bis in die Blüte verlagert werden. Für systemische Wirkstoffe mit einer gewissen Persistenz wie Clothianidin kann in der Tat eine Aufnahme durch Folgekulturen nicht völlig ausgeschlossen werden. Die Ergebnisse von Freilandversuchen zeigen, dass nicht in allen Fällen ein vollständiger Wirkstoffabbau im Boden bis zum Zeitpunkt einer möglichen erneuten Ausbringung im Folgejahr sichergestellt ist. Modellberechnungen, die eine wiederholte Anwendung in Mais über mehrere Jahre annehmen, ergeben auf der Basis der Abbaudaten aus den Feldversuchen für die obere 20 cm-Bodenschicht (durch die Bodenbearbeitung kommt es zu einer Durchmischung) eine Wirkstoffkonzentration von etwa 40 µg/kg vor dem Zeitpunkt der erneuten Ausbringung. Durch das ausgebrachte gebeizte Saatgut wird die entsprechende Wirkstoffmenge zusätzlich eingebracht. Diese verteilt sich zunächst in einem kleinen Bodenvolumen rund um das Samenkorn (so genannter Beizhof), in dem sich daher eine deutlich höhere Wirkstoffkonzentration einstellt. Dies ist Voraussetzung für die gewünschte Wirkung des Mittels und führt dazu, dass die von den Pflanzen aufgenomme Menge nur in geringerem Maße von der aus dem Vorjahr verbliebenen niedrigeren Hintergrundkonzentration abhängen wird. Die erwähnten Modellberechnungen werden bestätigt durch die Bodenanalysen aus Bodenakkumulationsstudien. Auch hier wurden Wirkstoffkonzentrationen in der Größenordnung von 40 µg/kg nachgewiesen. Die Frage, ob Pollen von Mais, der auf Flächen wächst, die über mehrere Jahre mit gebeiztem Mais bestellt wurden, stärker mit dem Wirkstoff Clothianidin belastet ist, lässt sich durch entsprechende Versuche überprüfen. Versuche wurden mit Mais und Raps zu Clothianidin durchgeführt. Diese zeigten, dass die Ergebnisse mit und ohne Hintergrundbelastung im Boden sich nicht signifikant unterschieden und in allen Fällen die chronische orale NOEC deutlich unterschritten wurde.

Die künftige Zulassungsfähigkeit insektizider Saatgutbehandlungsmittel wird davon abhängen, dass es gelingt, die bedeutenden Vorzüge dieser gezielten Anwendungstechnik tatsächlich in die Praxis umzusetzen. Das Saatgutbehandlungsmittel muss – der Zweckbestimmung entsprechend – mit dem Samenkorn in den Boden eingebracht werden. Dies ist nicht nur unter dem Aspekt der Wirksamkeit geboten, sondern auch um nicht hinnehmbare Auswirkungen durch die Emission wirkstoffhaltiger Stäube zu verhindern. Derartige Wirkstoffausträge sind auf ein nach dem Stand der Technik unvermeidliches Niveau zu vermindern. Um dies zu erreichen wird ein Minderungsfaktor von jeweils mindestens 10 durch Verbesserungen der Saatgutqualität und der Sägerätetechnik angestrebt. Auf diese Weise wird eine Reduktion möglicher Emissionen wirkstoffhaltiger Stäube um mindestens 99 % realisiert. Dies wird nur durch gemeinsame Anstrengungen aller Beteiligter im Sinne der Ausführungen der vorhergehenden Kapitel möglich sein.

9.3
Ruhende Zulassungen

Das BVL hatte am 15. Mai 2008, nachdem sich aufgrund aktueller Berechnungen im Zulassungsverfahren neue Erkenntnisse ergeben hatten, das Ruhen der Zulassung mit sofortiger Vollziehung gemäß § 80 Abs. 2 Satz 1 Nr. 4 VwGO für die folgenden Saatgutbehandlungsmittel für Maissaatgut angeordnet:

1. Cruiser 350 FS, BVL Zulassungsnummer 4914-00
2. Faibel, BVL Zulassungsnummer 4704-00
3. Mesurol flüssig, BVL Zulassungsnummer 3599-00
4. Poncho, BVL Zulassungsnummer 5272-00

Diese Entscheidung erfolgte nach eingehender Prüfung des aktuellen Sachstandes vor dem Hintergrund der in Südwestdeutschland aufgetretenen Schäden an Honigbienen. Für das BVL galt es zu prüfen, inwieweit ein Zusammenhang der berichteten Bienenvergiftungen mit der Ausbringung von mit Pflanzenschutzmitteln behandeltem Saatgut besteht. Diese Prüfung ergab, dass bei der Ausbringung von mit Insektiziden behandeltem Saatgut mit pneumatischen Sämaschinen eines bestimmten Konstruktionstyps eine höhere Exposition von Bienen verursacht wird, als es im Zulassungsverfahren bislang bekannt war. Neue Risikobewertungen, die aufgrund der Bienenschäden veranlasst wurden und die diese erhöhte Exposition berücksichtigen, lassen es als wahrscheinlich erscheinen, dass als Folge dieser Exposition unvertretbare Auswirkungen auf Bienen und Teile des Naturhaushaltes nicht auszuschließen sind. Für die abschließende Risikobewertung und Zulassungsentscheidung wird entscheidend sein, inwieweit die Rahmenbedingungen verlässlich so geregelt werden können, dass von einer sicheren Anwendung der genannten Mittel auszugehen ist. Zur Verbesserung der Saatgutqualität im Hinblick auf Staubgehalt und Abriebfestigkeit sind folgende Aspekte zu regeln:

1. Die Abriebfestigkeit wird vor dem Inverkehrbringen mehrfach geprüft und darf bestimmte Grenzwerte nicht überschreiten.
2. In den Behandlungsstellen wird ein spezifisches Qualitätsmanagement eingeführt.
3. Die Verwendung von geeigneten Abbindern („Sticker") wird festgelegt.
4. Die Reinigung des Saatgutes durch Aspiration wird vor und nach der Anwendung durchgeführt.
5. Bereits behandeltes Saatgut wird nicht erneut bzw. zusätzlich behandelt.

Die Hersteller von Sägeräten stellen die Verfügbarkeit geeigneter Sägeräte oder Umrüstsätze sicher, welche die Emission von Stäuben ausreichend reduzieren und in einer Liste des JKI gelistet sind.

Das Vorliegen beider Voraussetzungen konnte für die Saison 2009 bislang nicht abschließend geklärt bzw. seitens der Wirtschaft zugesagt werden, so dass eine Zusage zur Zulassungsfähigkeit der genannten Mittel zum jetzigen Zeitpunkt nicht abgegeben werden kann. Das BVL und das JKI betreiben weiterhin die Klärung noch offener Fragen mit den beteiligten Verbänden (BDP, IVA, VDMA).

Das BVL hat für Saatgutbehandlungsmittel neue Anwendungsbestimmungen und Kennzeichnungsauflagen festgesetzt, um die Zusagen der Wirtschaft auch im Rahmen der Zulassung zu verankern:

1. Durch ein geeignetes Beizverfahren, das insbesondere die Verwendung eines geeigneten Haftmittels beinhaltet, ist sicherzustellen, dass das behandelte Saatgut staubfrei und abriebfest ist.
2. Die Behandlung von Saatgut muss mit einem Gerät erfolgen, das in die Pflanzenschutzgeräteliste als Beizgerät eingetragen ist.
3. Keine Ausbringung des behandelten Saatgutes bei Wind mit Geschwindigkeiten über 5 m/s.
4. Das behandelte Saatgut ist einschließlich enthaltener oder beim Sävorgang entstehender Stäube vollständig in den Boden einzubringen.
5. Die Ausbringung des behandelten Saatgutes darf nicht mit pneumatischen Sägeräten (Saugluftsysteme) erfolgen, es sei denn, die Abluftführung ermöglicht die Ableitung von Stäuben in oder auf den Boden.

Aktuelle Untersuchungen des JKI belegen, dass die Reduzierung von Staubmengen möglich und mittels des Heubachtests (Anhang 3) überprüfbar ist. Auch liegen seitens des JKI erste Ergebnisse vor, dass umgerüstete Sägeräte bei Abluftführung auf den Boden, statt wie unter 5. gefordert in den Boden, eine nennenswerte Reduzierung von Stäuben in angrenzenden Flächen erreichen. Ingesamt ist eine Reduzierung der Staubemission bei der Maisaussaat um etwa 99 % technisch realisierbar und ist daher als Standard zu fordern. Im Rahmen der Bewertung jedes einzelnen Mittels wird zu entscheiden sein, inwieweit die jeweilige Technik eine sichere Anwendung ermöglicht.

10 Anhänge

Anhang 1
Wie kam der Wirkstoff in die Umwelt? –
Ergebnisse der Untersuchungen auf die Beizqualität

Anhang 2
Neue Anforderungen an die Saatgutbeizung

Anhang 3
Beschreibung der Heubach-Methode zur Bestimmung
des Feinstaubanteils von mit Insektiziden behandeltem Maissaatgut

Anhang 1
Wie kam der Wirkstoff in die Umwelt? – Ergebnisse der Untersuchungen auf die Beizqualität

Dr. Michael Glas[1], Dr. Peter Harmuth[1], Klaus Schmidt[1], Dr. Armin Trenkle[1] und Dr. Udo Heimbach[2]

[1] Landwirtschaftliches Technologiezentrum Augustenberg
[2] Julius Kühn-Institut, Institut für Pflanzenschutz in Ackerbau und Grünland, Braunschweig

Untersuchungen und Versuchsergebnisse

- **Staubabdrift bei der Maissaat:**
  - Abdriftmessungen zu verschiedenen Sätechniken
  - 2 Maissaat-Versuche mit PonchoPro (Baden-Baden, Bühl)
  - 1 Versuch mit Thiram gebeizter Maissaat (LTZ Forchheim)

- **Staubabdrift bei der Rapssaat**
  - 1 Versuch, Hohenlohekreis, Öhringen)

- **Herkunft des Beizmittelstaubs:**
  - Beizmittelstaub in gesackter Saatgutware
  - Abrieb bei gebeiztem Maissaatgut

 Landwirtschaftliches Technologiezentrum Augustenberg

03.11.2008, 166 — Baden-Württemberg

 Abdriftmessungen

Abdriftmessungen bei der Maissaat

 Landwirtschaftliches Technologiezentrum Augustenberg

20.06.2008, Dr. Glas LTZ Außenstelle Stuttgart - 3 — Baden-Württemberg

Verdriftetes Clothianidin auf Raps

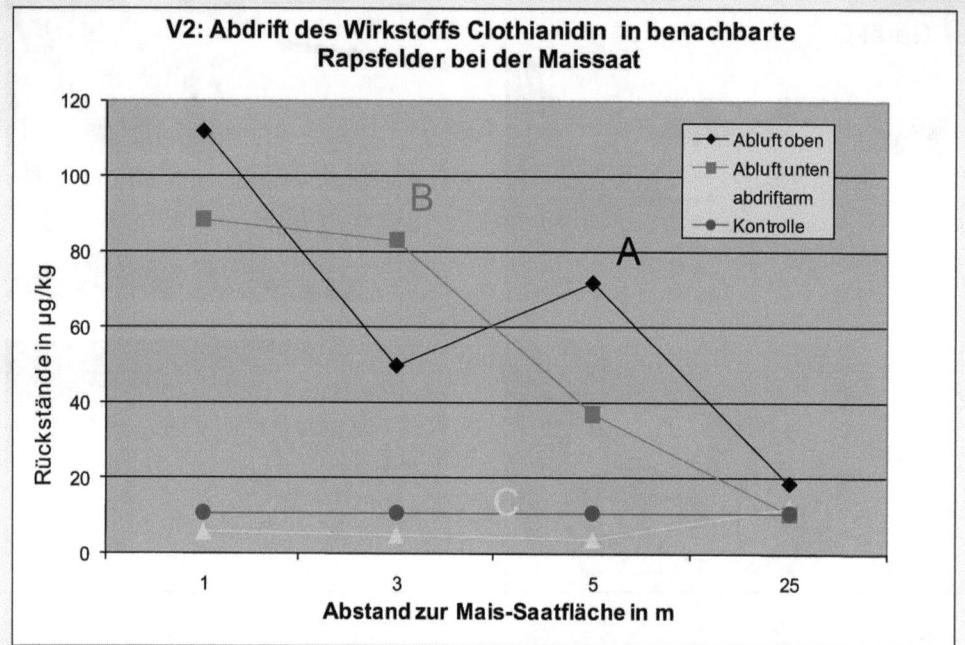

Bienen-Belaufstest auf Rapsblättern (JKI)

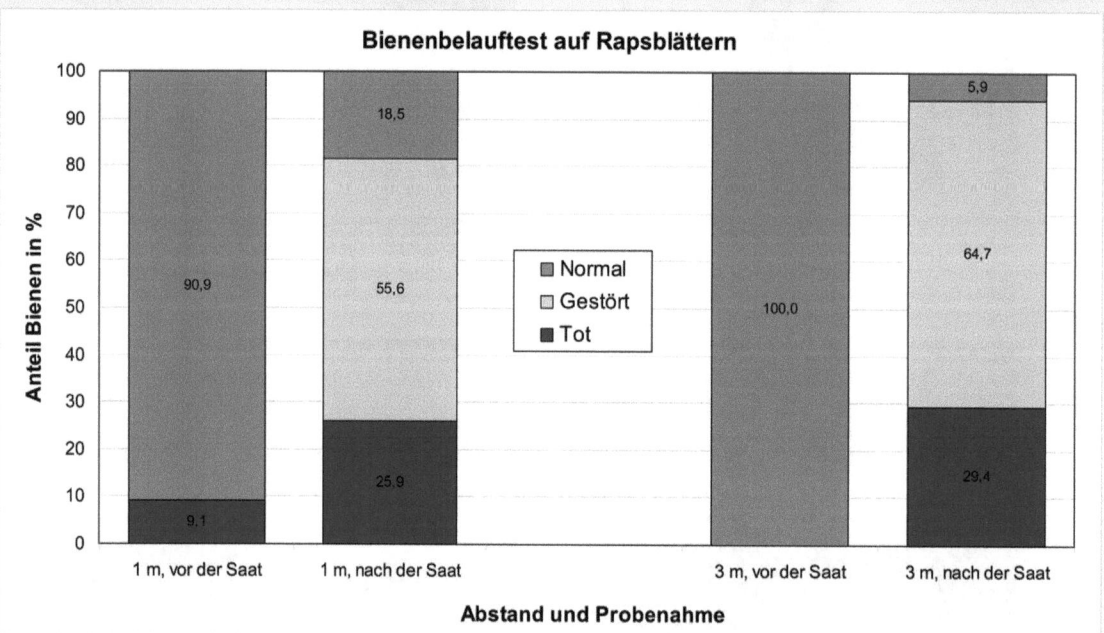

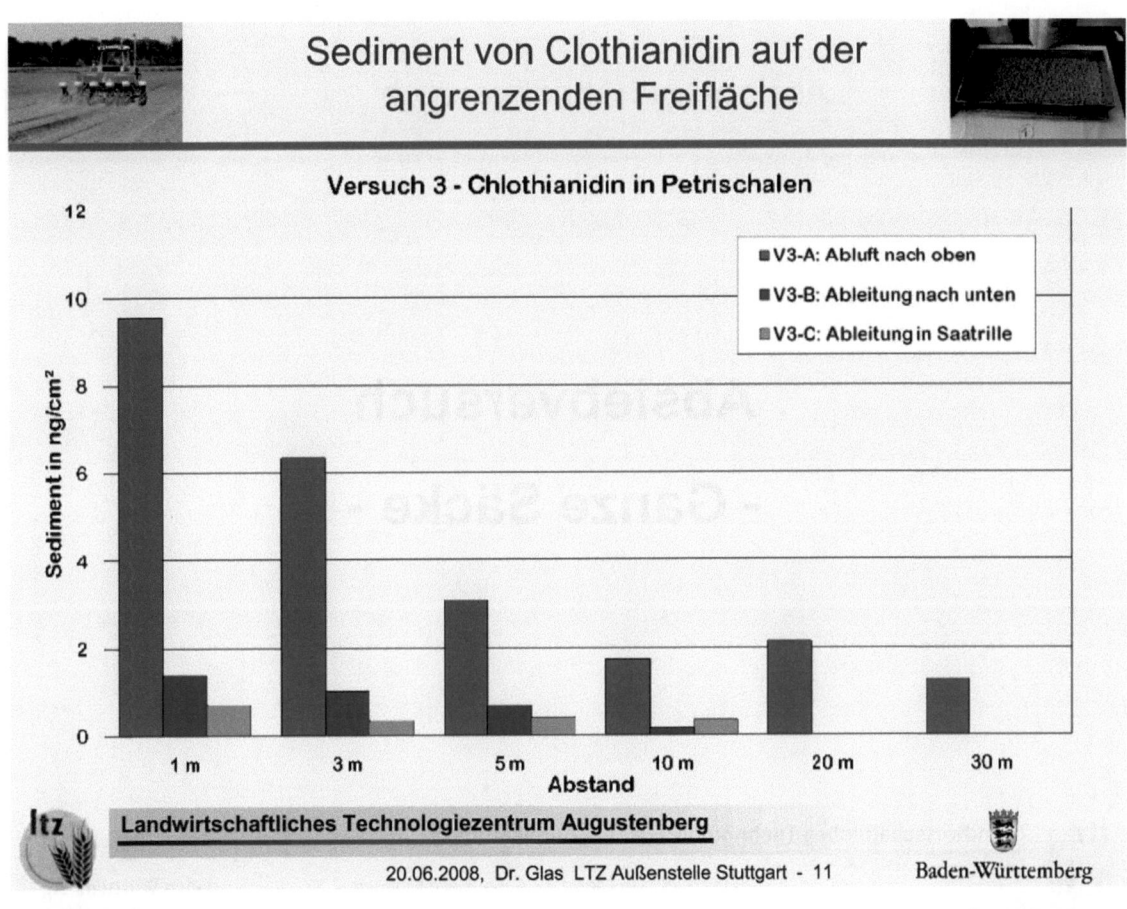

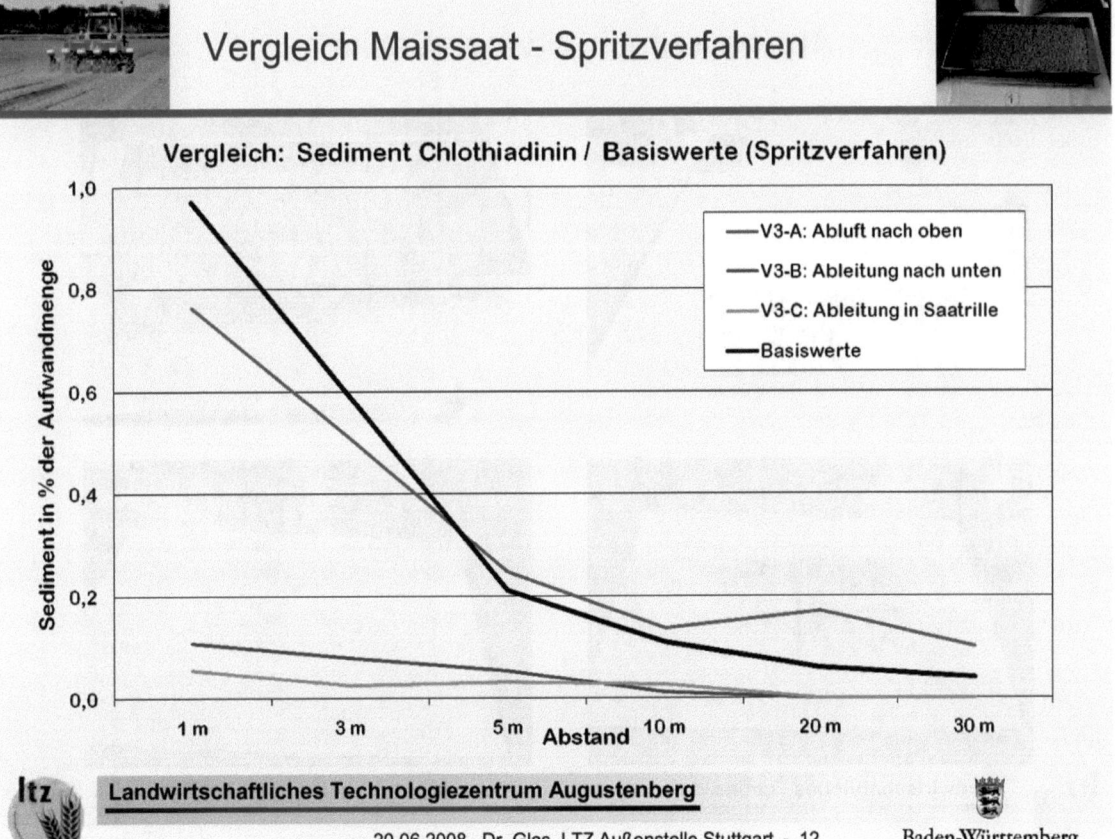

Absieb- und Abriebversuch

Absiebversuch
- Ganze Säcke -

Landwirtschaftliches Technologiezentrum Augustenberg
20.06.2008, Dr. Glas LTZ Außenstelle Stuttgart - 13

Absiebversuch – ganze Säcke

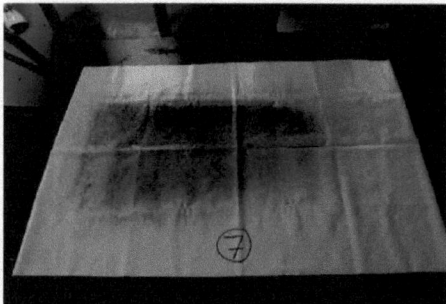 

Landwirtschaftliches Technologiezentrum Augustenberg
20.06.2008, Dr. Glas LTZ Außenstelle Stuttgart - 14

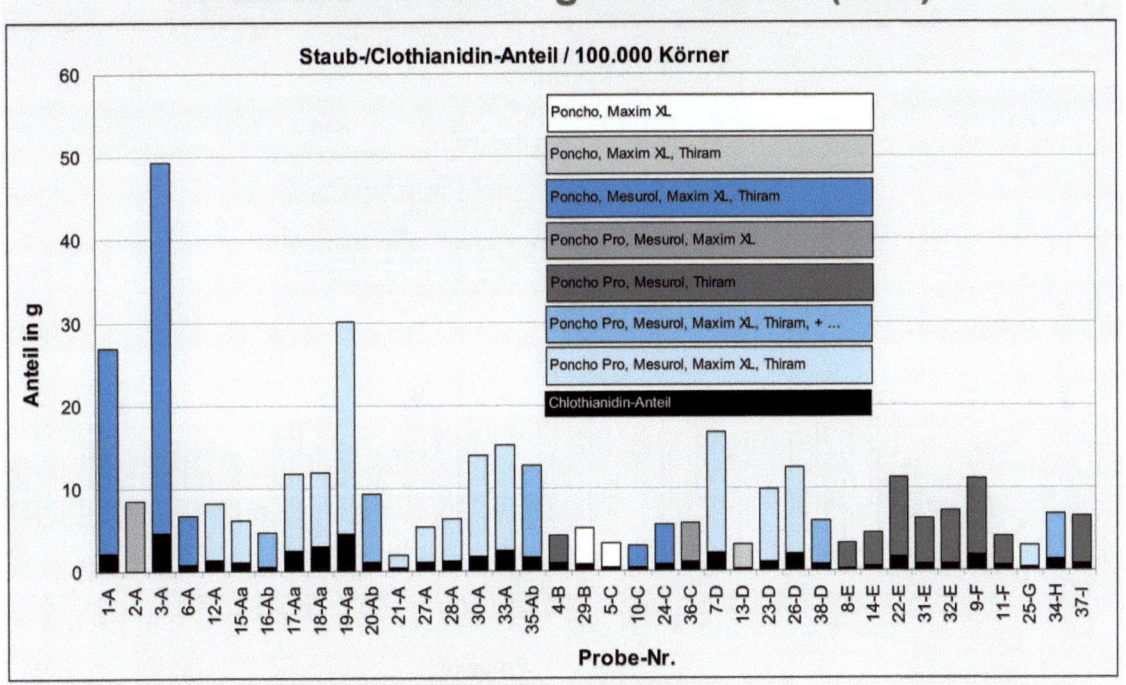
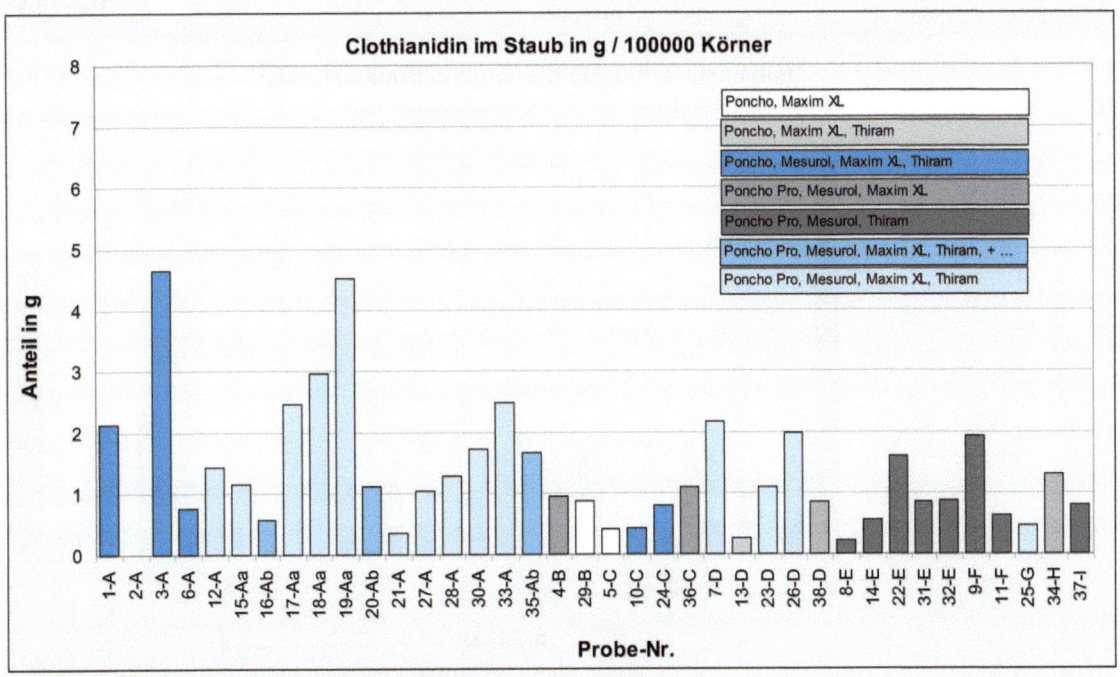

10 Anhänge

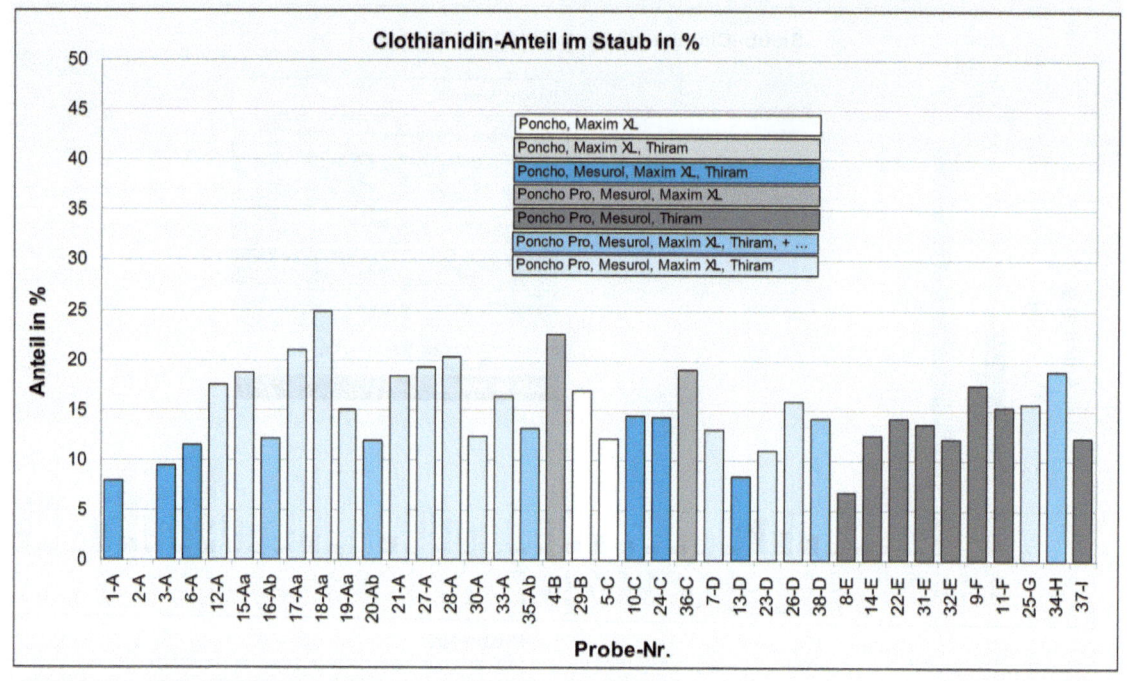
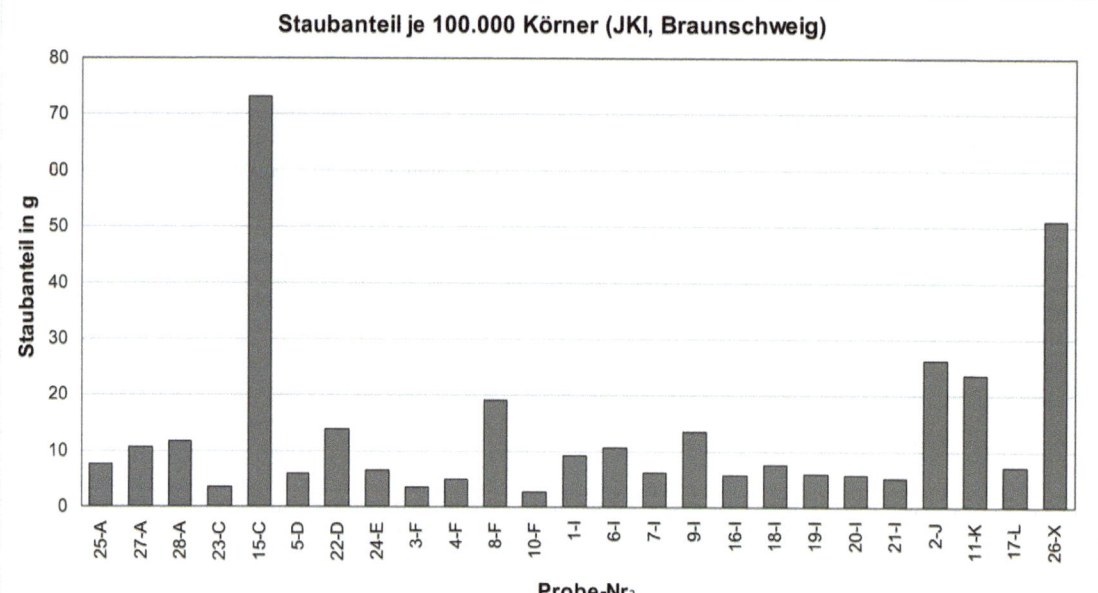

Abriebversuch

Versuchsdurchführung nach Standardlabormethode Fa. Bayer

 Landwirtschaftliches Technologiezentrum Augustenberg

Abriebversuch Labor

 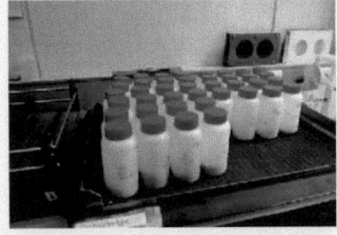

 Landwirtschaftliches Technologiezentrum Augustenberg

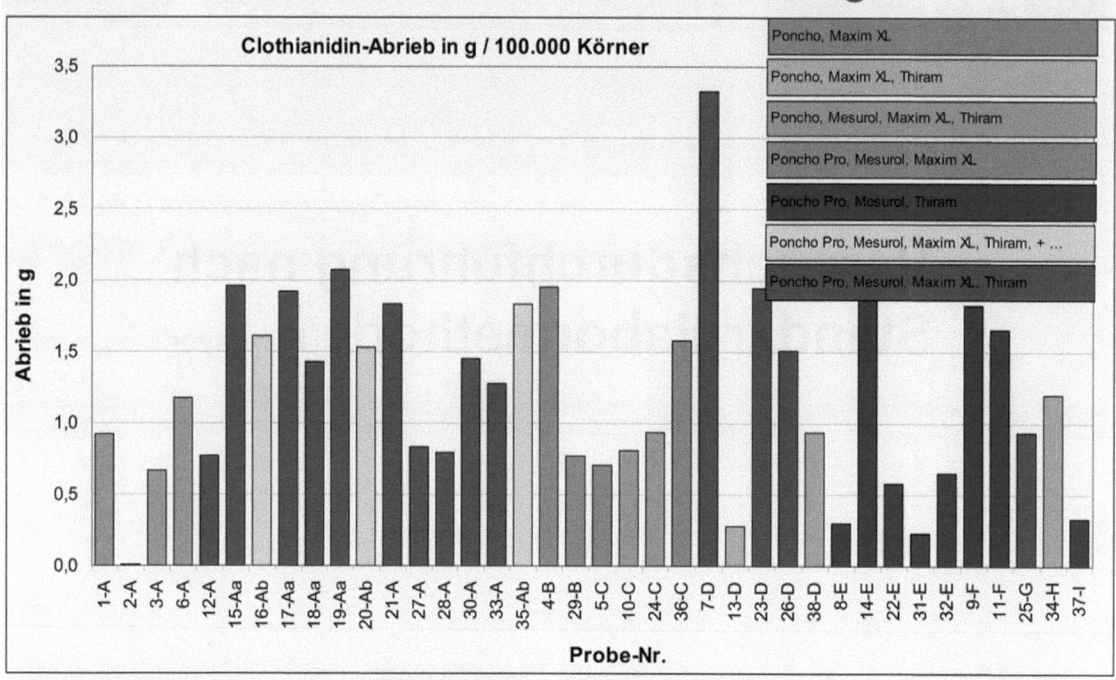

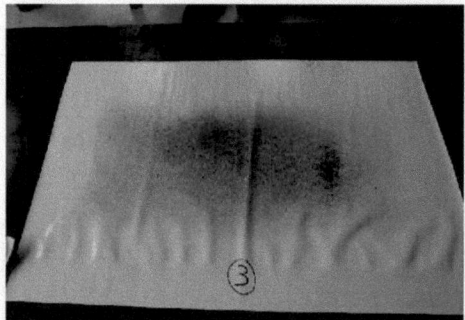
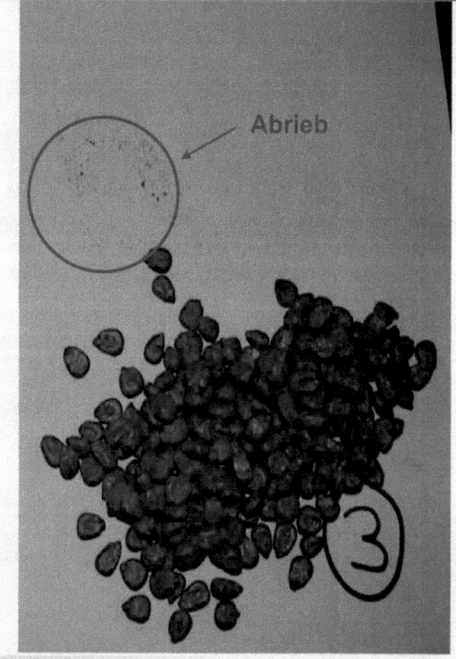

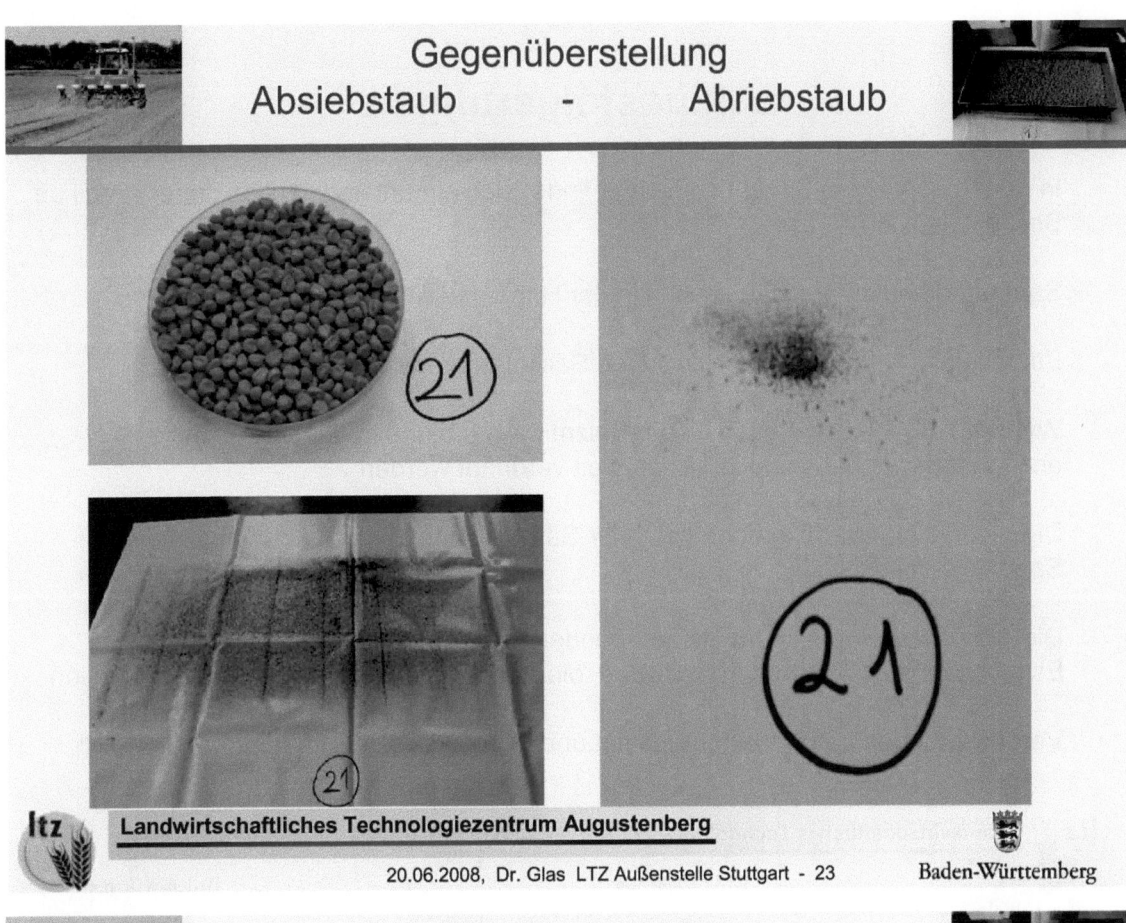

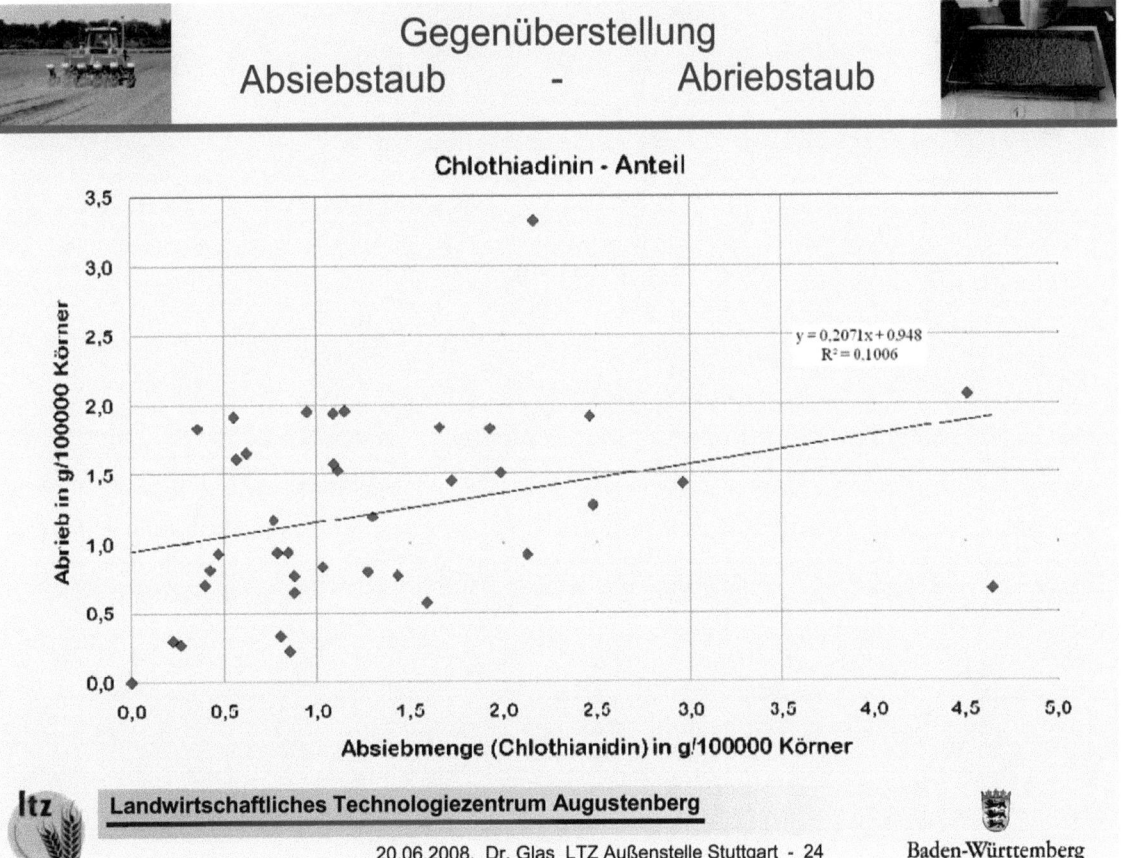

Schlussfolgerungen

In den abgepackten Saatgutsäcken befindet sich ein unterschiedlich hoher Anteil an Beizmittelstaub

Saatgutpartien unterscheiden sich in der Höhe des Abriebs

Es besteht keine Korrelation zwischen Sackstäuben und Kornabrieb

Während der Maissaat kann dieser Beizmittelstaub und in der Sämaschine entstehender Abriebstaub in die Umwelt verdriftet werden

Die niedrigsten Werte wurden bei einer Sätechnik mit der Luftableitung in die Saatrille gemessen

Die Abdriftwerte nahmen mit zunehmender Entfernung zur Aussaatfläche ab
Es gibt eventuell Teilchen in Schwebe, die methodisch derzeit nicht erfasst werden

Verbesserungen in der Saatgutqualität und Sätechnik sind unbedingt erforderlich

 ltz Landwirtschaftliches Technologiezentrum Augustenberg
03.11.2008, 196   Baden-Württemberg

Anhang 2
Neue Anforderungen an die Saatgutbeizung

Dr. Udo Heimbach

Julius Kühn-Institut, Institut für Pflanzenschutz in Ackerbau und Grünland, Braunschweig

BienenKiller

STICHWORT BAYER EXTRA Ausg. 4/2008

BAYER – Pestizide verantwortlich für weltweites Bienensterben

In aller Welt finden dramatische Bienensterben statt. Wissenschaftler schätzen, dass in Europa bereits die Hälfte des Bestandes umkamen. Eine wesentliche Ursache wird in den BAYER-Agrogiften GAUCHO und PONCHO gesehen. Im Mai 2008 kam es zur bisher größten Bienenkatastrophe in Deutschland. Auch diesmal wieder dabei: das BAYER-Pestizid PONCHO. Die Coordination gegen BAYER-Gefahren (CBG) erstattete zusammen mit betroffenen Imkern Strafanzeige gegen den BAYER-Vorstandsvorsitzenden.

Seit langem fordern der Deutsche Berufs- und Erwerbsimkerbund und die Coordination gegen BAYER-Gefahren (CBG) ein Verbot der BAYER-Pestizide PONCHO und GAUCHO. Der Beginn der Vermarktung dieser Agrargifte fällt mit dem

Wiederzulassung der Maisbeize Clothianidin droht

Imker bereit zur Klage gegen hoch toxisches Nervengift

! Spendenaufruf für die Gesundheit unserer Bienen !

Bienensterben 2008

Im Frühjahr 2008 starben im Rheingraben bei der Ortenau nach offiziellen Schätzungen mehr als 11.000 Bienenvölker. Der Wirkstoff Clothianidin, ein Nervengift der Firma Bayer, richtete die Bienen zugrunde. Maiskörner

Wiederzulassung geplant

Nun strebt der Konzern BayerCropScience eine Wiederzulassung des bienengefährlichen Pflanzenschutzmittels an.

Das Bundesamt für Verbraucherschutz und Le-

2 Heim 1/09   Institut für Pflanzenschutz in Ackerbau und Grünland

---

Bienenvergiftungen Oberrheinebene

- Beginn Ende April 2008
- Ursache zunächst unklar
- großflächiges Ausmaß massiver Bienenvergiftungen binnen weniger Tage
- räumlicher und zeitlicher Zusammenhang mit Maisaussaat von Poncho Pro® gebeiztem Mais zur Bekämpfung von *Diabrotica virgifera virgifera*

Baden-Württemberg, Oberrheingraben
- 700 Imker, 11500 Bienenvölker

Bayern, Region Passau
- <500 -1000 Völker, genaue Anzahl noch unbekannt

3 Heim 1/09   Institut für Pflanzenschutz in Ackerbau und Grünland

Expositionsverstärkende Faktoren

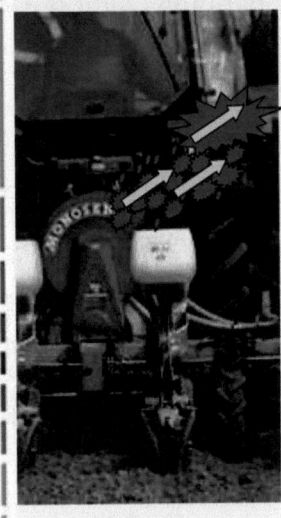

- Schlechte Beizqualität einiger Saatgutchargen im Mais
- pneumatische Sämaschinen
- trockenes und windiges Wetter nach Regenperiode
- späte Aussaat, gleichzeitig mit Vollblüte von Raps, Obst, Löwenzahn
- Regional hoher Maisanteil mit nahezu 100 % Poncho Pro wegen *Diabrotica*
- Kleinstrukturierter Maisanbau, daher mit viel Randstrukturen

Abdrift bei Maisaussaat

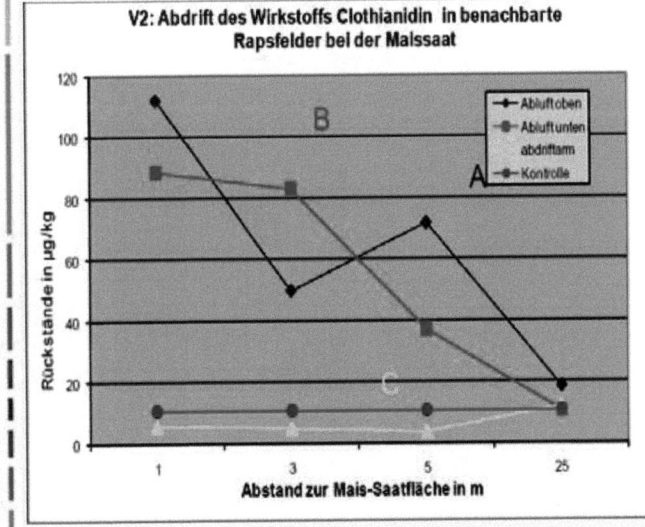
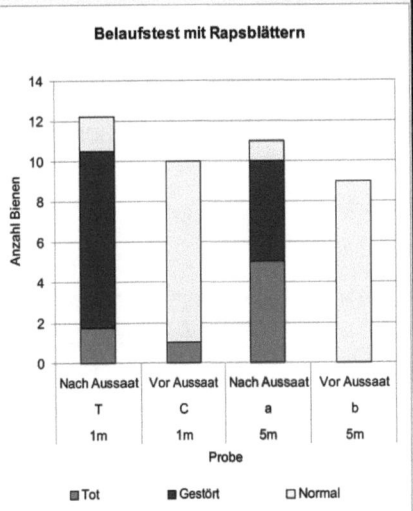

Ablagerung in 1 m Entfernung ~ **100 µg/kg** Feldversuch von Augustenberg, Laborversuch mit Bienen durch Pistorius (JKI)

Zulassungssituation Maissaatgutbehandlung
2008 in Deutschland

- Honigbienen als Anzeiger (Bioindikator) des Expositionspfades Drift aus Saatgutbehandlung
  Betroffen sind aber auch Umwelt (Aquatik, Terrestrik) und Anwender/Bystander
- 15. Mai, BVL: Ruhen der Zulassung für 8 insektizide Mittel zur Saatgutbehandlung hauptsächlich in Raps und Mais mit den Wirkstoffen Thiametoxam, Mesurol, Imidacloprid, Clothianidin und Carbosulfan, Betroffen sind auch kleinere Kulturen (oft §18 Zulassungen) wie Möhre aber z.B. auch Spritzanwendungen von Mesurol gegen Thripse im Gewächshaus
- 24. Mai, BMELV: Verordnung mit Anwendungsverbot von behandeltem Maissaatgut bei Nutzung von pneumatischen Sämaschinen für 6 Monate.
- 26. Juni, BVL: Aufhebens des Ruhens der Zulassung für Saatgutbehandungsmittel im Raps mit Auflagen

Staub verschiedener Saatgutchargen

- Staub im Saatgutsack (Fein/Grob)
- Absiebung mit leichter mechanische Bewegung

Methodik

Saatgutpackungen von Raps (Saatgutbehandlung in 2007) und Mais (Saatgutbehandlung zumeist für Saison 2008) wurden aus dem Handel und von den Züchterhäusern besorgt, verschiedene Wirkstoffe wurden angebeizt, verschiedene Züchterhäuser und Sorten

Staubanteilbestimmung auf einer einfachen Saatgutreinigungsmaschine durch Entleerung ganzer, geschlossen verbliebener Packungen Raps: 1 mm Längssieb, Mais 6 mm Lochsieb

Wägung der Staubmengen, erste Rückstandsanalyse des Staubanteils auf Clothianidin und Thiamethoxam (Dr Stähler, JKI Berlin Dahlem)

Staubanteilbestimmung Mais

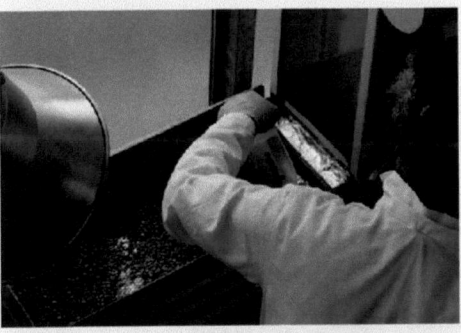

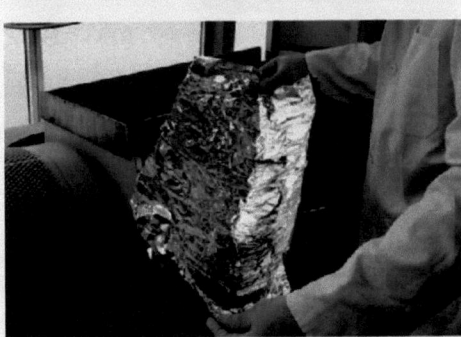
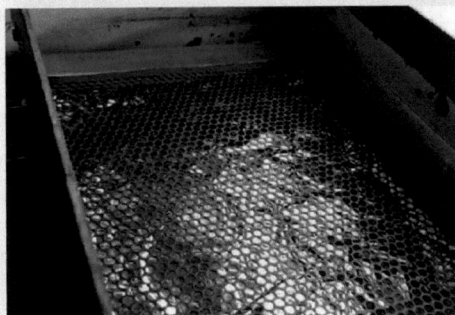

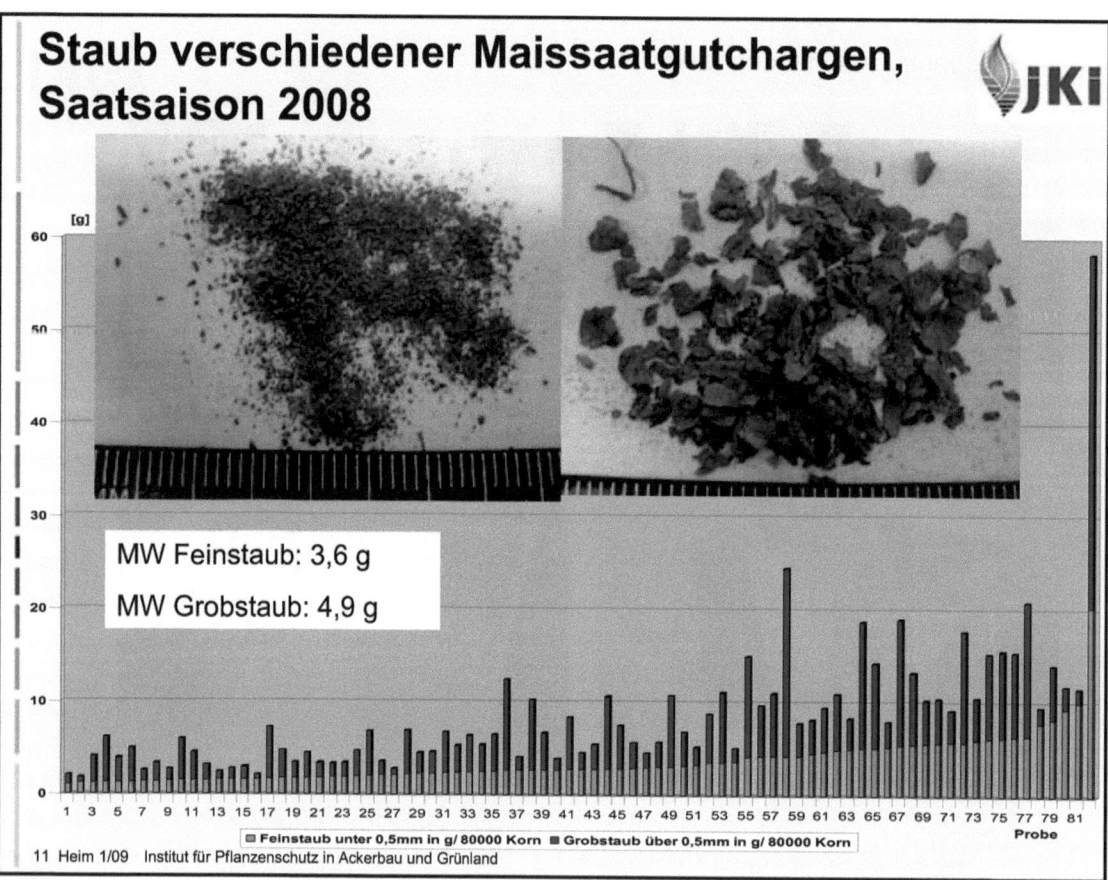

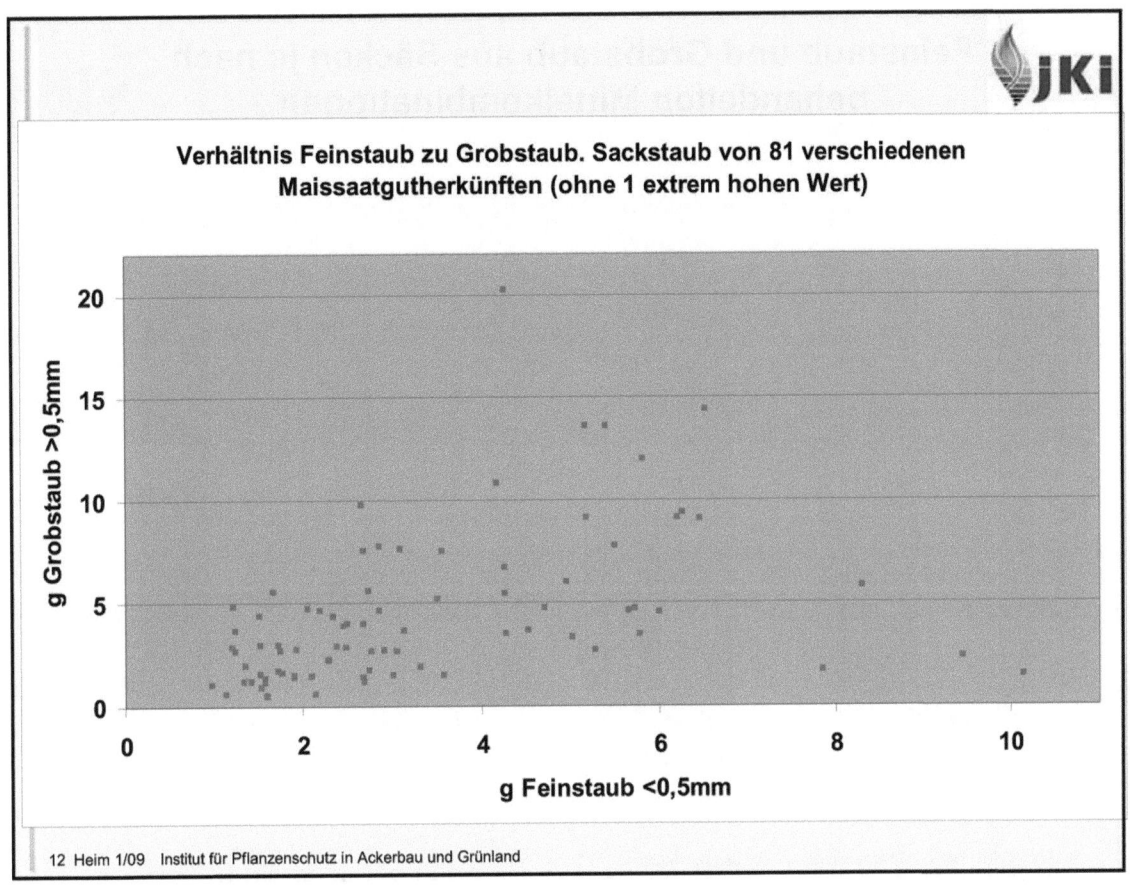
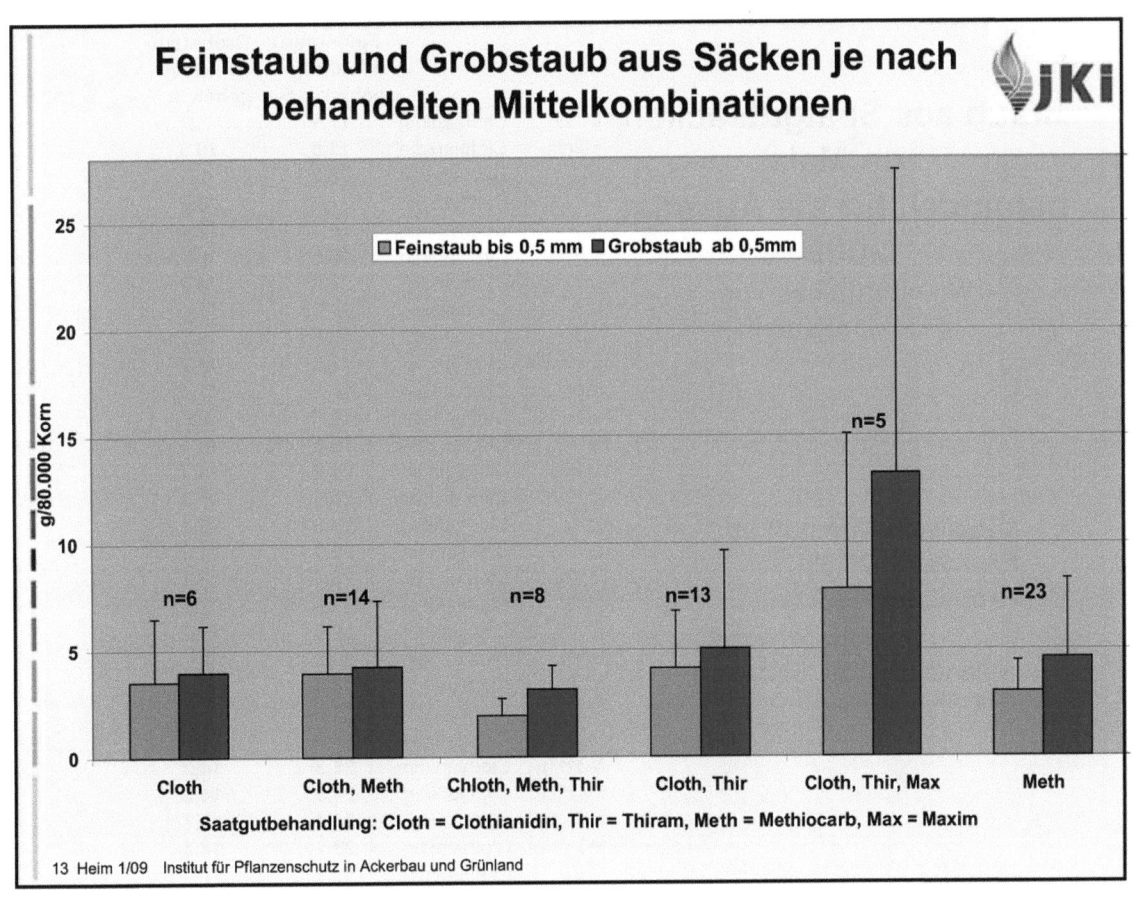

10 Anhänge

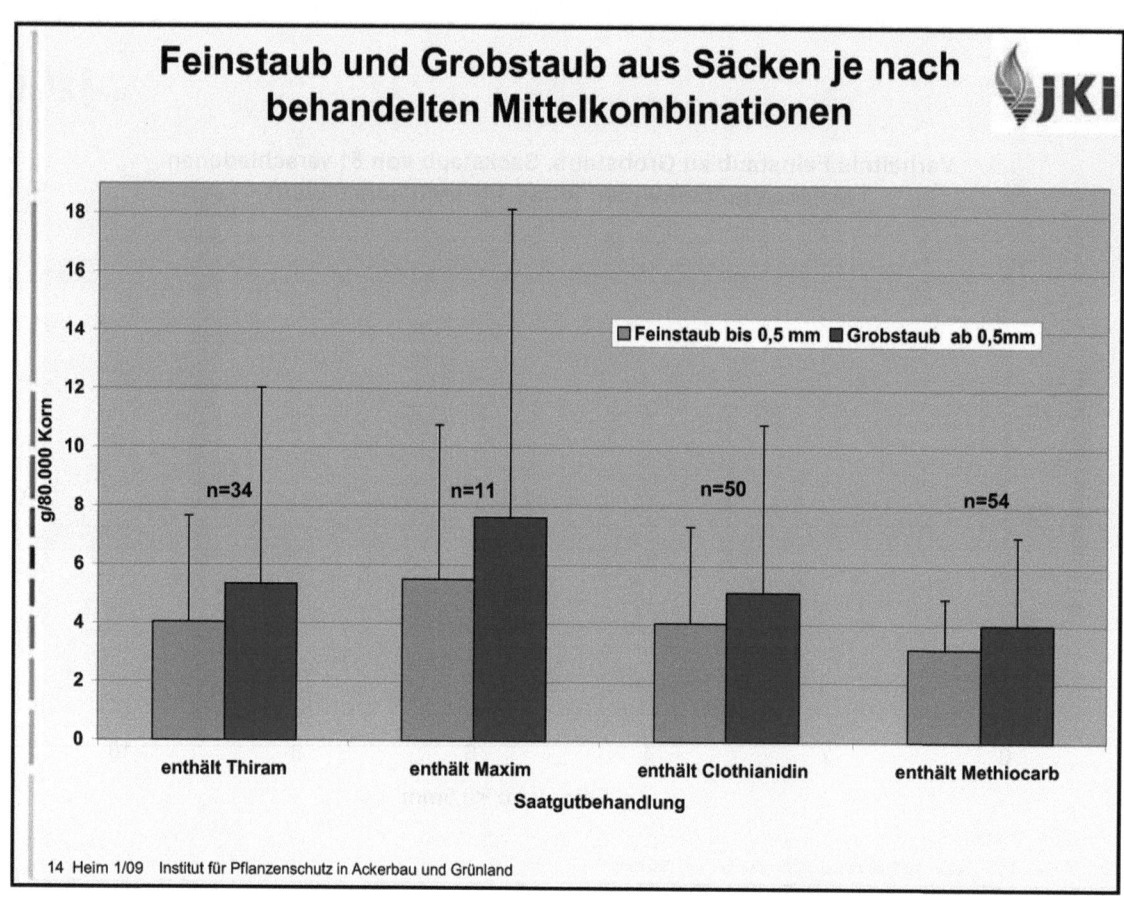

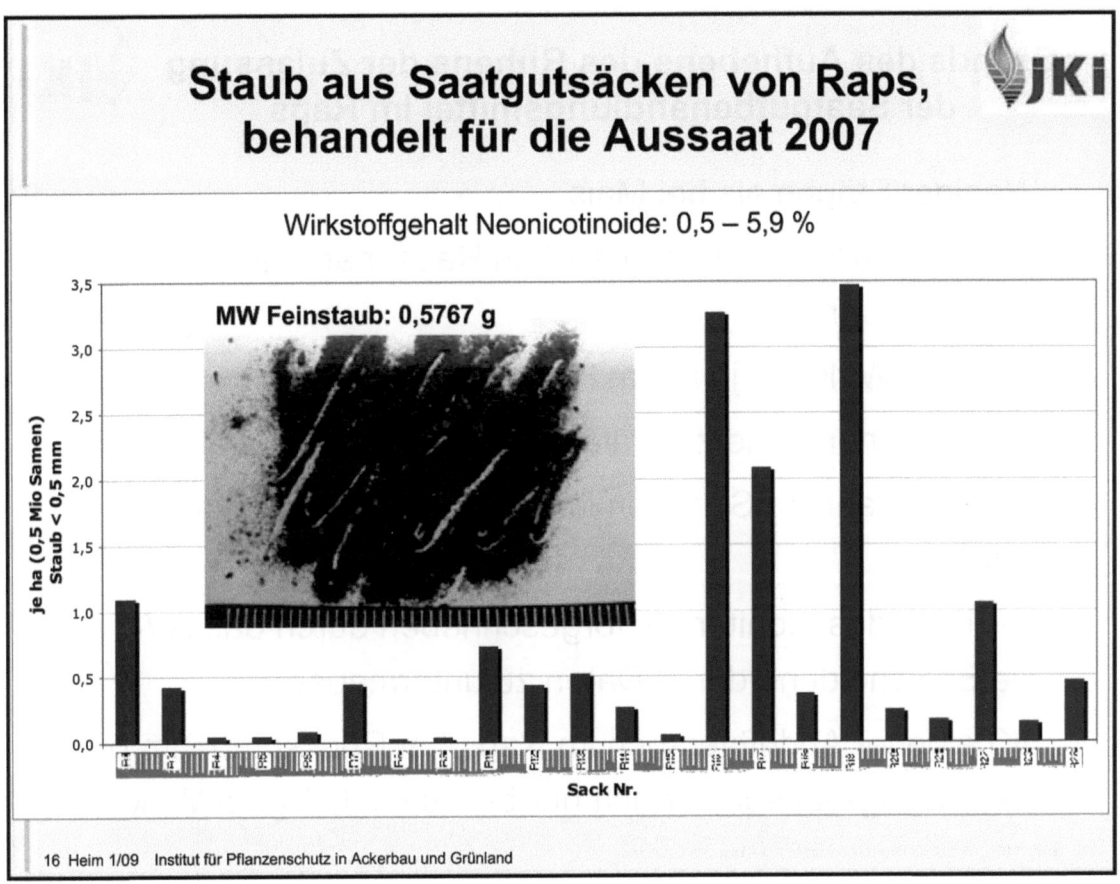
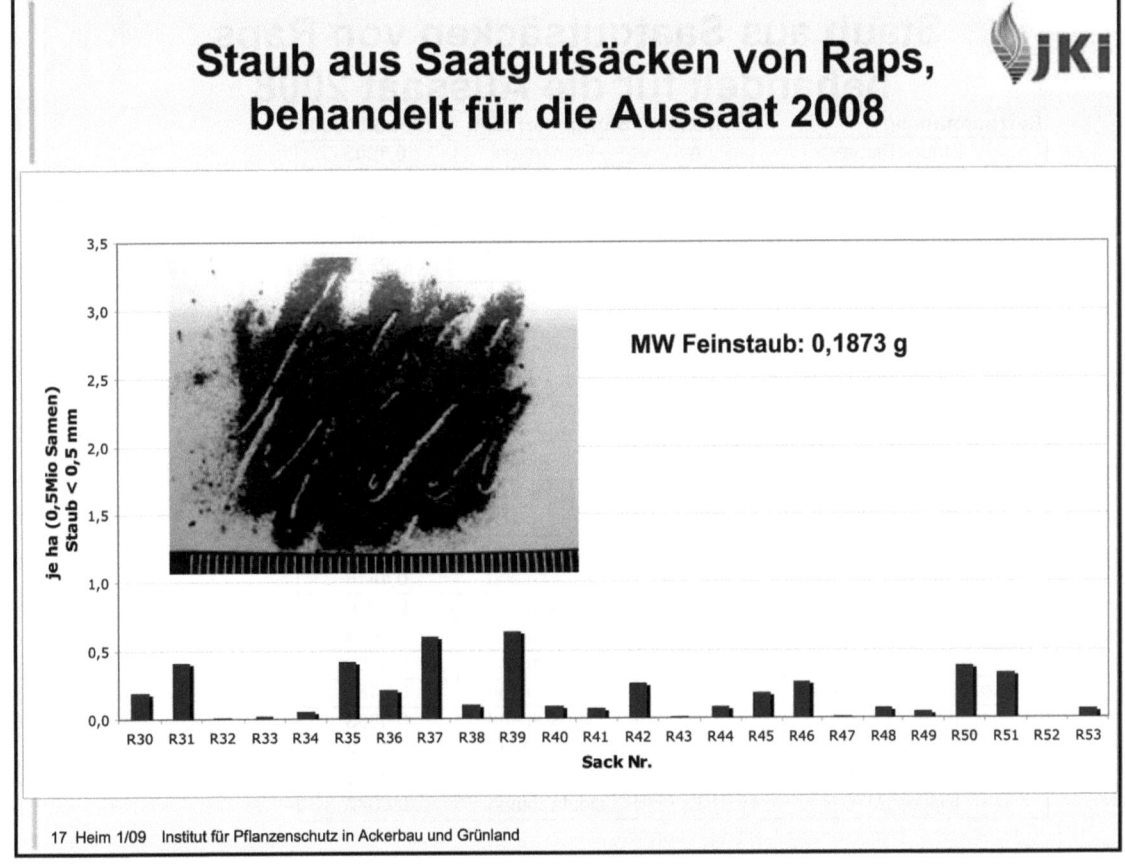

Gründe des Aufhebens des Ruhens der Zulassung der Saatgutbehandlungsmittel im Raps

- Weniger Stäube als bei Mais
- Verbesserung der Beizqualität im Raps machbar und durchsetzbar
- Weniger Wirkstoff je ha im Raps als im Mais
- Sämaschinen ohne zentrale Abluftstutzen (reduzierte Drift)
- Keine bekannten Schäden im Raps trotz langjähriger Nutzung
- Begleitendes Monitoring vorgeschrieben durch das BVL, um die Entscheidung durch Daten zu untermauern
- JKI eigener Abdriftversuch im Raps hat Rückstände im off-crop nachgewiesen, jedoch nur bis zu ca. 0,1 g/ha Wirkstoff

18 Heim 1/09   Institut für Pflanzenschutz in Ackerbau und Grünland

Staub aus Saatgutsäcken von Raps, behandelt für die Aussaat 2008

Beizausstattung	Beizstelle	Saatgutherkunft	g Staub/500000		N	Mittelwert
Elado, Thiram	A	Frankreich	0,1903			
Chinook, Thiram	E	Frankreich	0,4056			
Elado, TMTD	B	Deutschland	0,0063			
Cruiser OSR	B	D u. Österreich	0,0140			
Elado, TMTD	E	Deutschland	0,0590			
Elado, TMTD	A	Frankreich	0,4220			
Elado, Thiram, Dimethomorph	F	Frankreich	0,2056			
Cruiser OSR	G	Frankreich	0,6015			
Elado, Thiram, Dimethomorph	G	Frankreich	0,1006			
Chinook, TMTD	H	Deutschland	0,6338			
Elado, TMTD, Dimethomorph	I	Deutschland	0,0890	B	5x	0,0076
Elado, TMTD	D	Deutschland	0,0764	A	5x	0,3002
Chinook, Thiram	F	Frankreich	0,2510	C	3x	0,0679
Elado, TMTD	B	Deutschland	0,0084	D	3x	0,1355
Elado, TMTD	C	Deutschland	0,0827			
Elado, Thiram	A	Deutschland	0,1818			
Combicoat CBS, TMTD	D	Deutschland	0,2626			
Elado, TMTD	B	Deutschland	0,0063			
Elado, TMTD	C	Deutschland	0,0762			
Elado, Dimethomorph, TMTD	C	Deutschland	0,0450			
Elado, TMTD	A	Deutschland	0,3805			
Elado, TMTD	A	Deutschland	0,3262			
Elado, TMTD	B	Deutschland	0,0029			
Elado, TMTD	D	Deutschland	0,0677			

19 Heim 1/09   Institut für Pflanzenschutz in Ackerbau und Grünland

Saatgutbehandlungsmittel in Rüben

Mittel	Kultur	Schadorganismus	Wirkstoff	Status	Zul.ende
Montur	ZR, FR	Moosknopfkäfer Virusvektoren	Tefluthrin, Imidacloprid	ZU	31.12.2008
Imprimo	ZR, FR	Moosknopfkäfer Virusvektoren Rübenfliege Schnellkäfer Blattläuse	Tefluthrin, Imidacloprid	ZU	31.12.2012
Traffic	ZR, FR	Moosknopfkäfer Rübenfliege Virusvektoren Blattläuse	Tefluthrin, Imidacloprid	ZU	31.12.2012
Gaucho WS	ZR, FR	Moosknopfkäfer Rübenfliege Virusvektoren	Imidacloprid	ZU	31.12.2011
Gaucho FS ungefärbt	ZR, FR	Moosknopfkäfer Rübenfliege Virusvektoren	Imidacloprid	ZU	31.12.2011
Janus	ZR, FR	Moosknopfkäfer Rübenfliege	beta-Cyfluthrin, Clothianidin	ZU	20.04.2009
Cruiser 600 FS	ZR, FR	Moosknopfkäfer Virusvektoren Rübenfliege Schnellkäfer Blattläuse Erdflöhe	Thiamethoxam	ZU	31.12.2017
Force 20 CS	ZR, FR	Moosknopfkäfer	Tefluthrin	ZU	31.12.2010
Cruiser 70 WS	ZR, FR	Moosknopfkäfer Virusvektoren Rübenfliege Schnellkäfer Blattläuse Erdflöhe	Thiamethoxam	ZU	31.12.2017
Poncho ungefärbt	ZR, FR	Moosknopfkäfer Rübenfliege Schnellkäfer Blattläuse	Clothianidin	ZU	31.12.2017
Poncho Beta	ZR, FR		Clothianidin		Ausgelaufen

Saatgutbehandlungsmittel in Raps und Getreide

Mittel	Kultur	Schadorganismus	Wirkstoff	Status	Zul.ende
Chinook	Raps	Rapserdfloh	Imidacloprid, beta-Cyfluthrin	ZU	31.12.2010
Antarc	Raps	Rapserdfloh Virusvektoren	Imidacloprid, beta-Cyfluthrin	ZU	31.12.2012
Elado	Raps	Erdflöhe Kleine Kohlfliege Wurzelfliege	beta-Cyfluthrin, Clothianidin	ZU	22.06.2009
Cruiser OSR	Raps	Erdflöhe Virusvektoren	Thiamethoxam	ZU	31.12.2017
Manta Plus	Gerste	Virusvektoren	Imidacloprid	ZU	31.12.2008
Contur plus	Weizen	Brachfliege	beta-Cyfluthrin	ZU	31.12.2017

Saatgutbehandlungsmittel sonstige Kulturen

Mittel	Kultur	Schadorganismus	Wirkstoff	Status	Zul.ende
Chinook	Raps	Rapserdfloh	Imidacloprid, beta-Cyfluthrin	ZU	31.12.2010
Chinook	Lein	Erdflöhe	Imidacloprid, beta-Cyfluthrin	ZU	31.12.2010
Gaucho WS	ZR, FR	Moosknopfkäfer Rübenfliege Virusvektoren	Imidacloprid	ZU	31.12.2011
Gaucho WS	Speisezwiebel Porree Zwiebelgemüse	Zwiebelfliege Thripse	Imidacloprid	ZU	31.12.2011
Gaucho WS	Brokkoli, Blumenkohl, Kopfkohle, Kohlrabi, Blattkohle	Kohlerdflöhe Mehlige Kohlblattlaus	Imidacloprid	ZU	31.12.2011
Gaucho WS	Endivien, Salate	Blattläuse	Imidacloprid	ZU	31.12.2011
Gaucho FS ungefärbt	ZR, FR	Moosknopfkäfer Rübenfliege Virusvektoren	Imidacloprid	ZU	31.12.2011
Gaucho FS ungefärbt	Speisezwiebel Porree	Zwiebelfliege, Thripse	Imidacloprid	ZU	31.12.2011
Poncho	Mais	Fritfliege	Clothianidin	ZS	31.12.2017
Poncho	Möhre	Möhrenfliege	Clothianidin	ZS	31.12.2017
Carbosulfan	Raps	Erdflöhe	Carbosulfan	ZU	unklar
Carbosulfan	div. Zwischenfrüchte	Erdflöhe	Carbosulfan	ZU	unklar

22 Heim 1/09 Institut für Pflanzenschutz in Ackerbau und Grünland

Perspektiven für insektizide Saatgutbehandlungen

Alle möglichen Verbesserungen müssen genutzt werden!

Staubdrift während der Aussaat betrifft alle Regelungsbereiche: Aquatik, Terrestrik, Anwender, Bystander, nicht nur Honigbiene!

- **Zulassungsbeschränkung durch das BVL** (z.B. Saatgutqualität, Sätechnik)
  Abstände zum Feldrand / zu Gewässern?
  Einschränkungen auf geringe Windgeschwindigkeiten?
  Saatgutbehandlung nur mit zertifizierten Geräten (Ende der Hofbeizung?)
- **Einschränkung des freien Saatgut-Handels, Definition von Säen als Pflanzenschutzmittelanwendung (Gesetzesänderung durch das BMELV in Arbeit)**
- Einstufung von Sägeräten in „Driftklassen" analog zu Spritzgeräten
- Neonicotinoide stehen politisch unter Druck
- Auch in anderen europäischen Ländern wurden Neonicotinoide am Saatgut teils grundsätzlich zurückgenommen von den Behörden
- UBA gibt zur Zeit keine Einvernehmen mehr zu insektiziden Beizen

23 Heim 1/09 Institut für Pflanzenschutz in Ackerbau und Grünland

Perspektiven für insektizide Saatgutbehandlungen

Notwendige technische Verbesserungen
- Verlässliche Messung der Beizqualität (Heubach Test) (s.a. www.jki.bund.de/Heubach)
- Vorgeschriebene gut wirksame Haftmittel?
- Technische Verbesserung der Beizanlagen (Reinigung auch direkt vor Absackung)
- Messung und Einstufung der Sägeräte auf Abriebverhalten
- Umrüstung einiger Sägeräte (Abluft) mit Prüfung und Einstufung (s.a. www.jki.bund.de)

Erstellung von Abdriftwerten je nach Gerät und Kultur um Expositionen abzuleiten

Je nach Kultur vorgeschriebene max. Heubach Werte

Forschung zu Filterwirkung benachbarter Kulturen für Stäube und zur Aufnahme von Stäuben durch z.B. Honigbienen

Anhang 3
Beschreibung der Heubach-Methode zur Bestimmung des Feinstaubanteils von mit Insektiziden behandeltem Maissaatgut

Dr. Udo Heimbach

Julius Kühn-Institut, Institut für Pflanzenschutz in Ackerbau und Grünland, Braunschweig

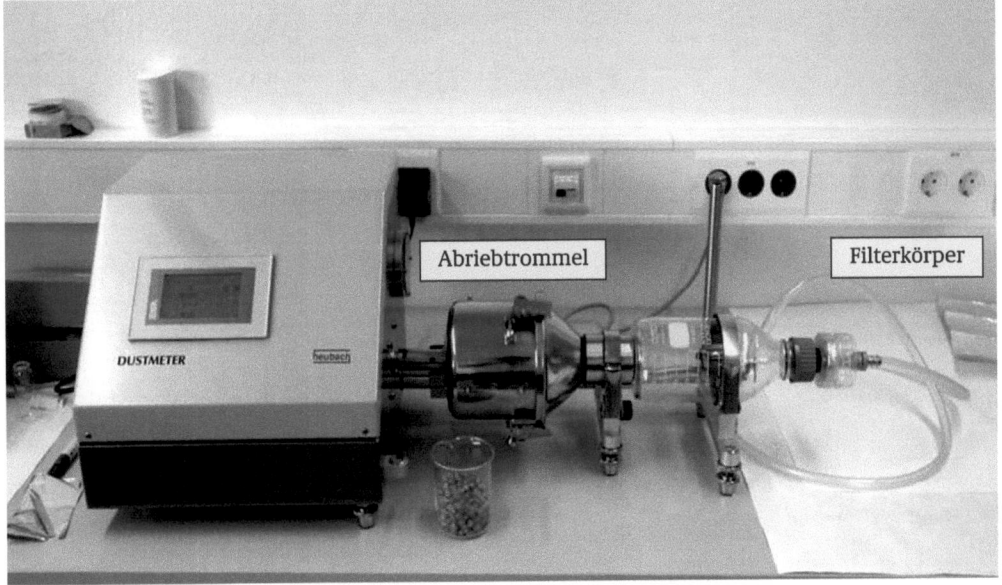

**Gerät: Heubach Dustmeter
Typ I** (www.heubachcolor.de)

Probenahme und Vorbereitung
Die Probenahme des zu testenden Maissaatgutes erfolgt direkt bei der Absackung nach der letzten Absaugung. Eine Probenahme erfolgt bei jeder Neueinstellung der Beizanlage wie z. B. bei Nutzung von anderen Mitteln oder von anderen Saatgutchargen. Für die Probenahme sind mindestens 500 g Saatgut repräsentativ aus dem Saatgutstrom zu entnehmen, am besten durch eine automatische kontinuierliche Probenahme.

Das Saatgut muss vor der Testung für mindestens 2 Tage bei 20 ± 2 °C und 50 ± 10 % relativer Luftfeuchte eingelagert werden. Das TKG des Saatgutes muss bekannt sein.

Zur Testung werden 100 ± 1 g des Saatgutes abgewogen und in die Trommel des Heubachgerätes überführt. Die Kornanzahl muss entsprechend des TKG berechnet werden.

Testung
Es sind mindestens zwei Wiederholungen durchzuführen, jeweils mit einer neuen Saatgutprobe aus der bereitgestellten Menge. Weichen die beiden Werte bei einer Überschreitung von 50 % des festgelegten Grenzwertes um mehr 20 % voneinander ab, so sind zwei weitere Wiederholungen durchzuführen. Als Heubachwert wird der Mittelwert der Einzelmessungen angegeben.

Das Heubachgerät muss auf 30 Umdrehungen je Minute, der Luftdurchfluss auf 20 l/min und die Umdrehungszeit der Trommel auf festgelegte 120 Sekunden eingestellt werden.

Falls die Anzeige am Gerät das Nicht-Einhalten der Umdrehungsgeschwindigkeit oder des Luftstroms (± 10 %) anzeigt, muss die Testung wiederholt werden.

Die Testung muss in einem Raum mit 20–25 °C und 30–50 % rF stattfinden.

Im Filterkörper des Heubachgerätes ist ein Glasfaserfilter (Whatman GF 92 oder gleichwertige Spezifikation) einzulegen. Der Filterkörper inkl. des eingelegten Filters sind auf einer Analysenwaage vor und nach der Testung auf 0,1 mg genau auszuwiegen.

Die Differenz aus Einwaage und Auswaage des Filterkörpers inkl. des Filters entspricht dem Heubachwert und muss in g je 100.000 Korn umgerechnet werden.

Das Heubachgerät ist nach jeder Testung sorgfältig zu reinigen z. B. durch intensives Aussaugen aller Bestandteile mit einem für toxische Stäube geeigneten Sauger. Der kontaminierte Filter ist jeweils herauszunehmen und kann z. B. für Rückstandsanalysen genutzt werden.

Zusätzlich kann die Saatguteinwaage auf 0,1 mg genau erfolgen und das Saatgut nach der Testung mit derselben Genauigkeit zurückgewogen werden. Dies gibt in Kombination mit den im Filterkörper gewonnen Stäuben Einblick in die gesamte Staubmenge, da sich gröbere Partikel auch in der Trommel oder Glasflasche befinden können.

Heubach Grenzwert für Feinstäube
Falls der durch das Bundesamt für Verbraucherschutz und Lebensmittelsicherheit im Rahmen des Zulassungsverfahrens für Pflanzenschutzmittel oder der vom BMELV in einer Rechtsverordnung festgesetzte Grenzwert überschritten wird, dürfen Saatgutpartien in Deutschland nicht in den Verkehr gebracht werden. Die Grenzwerte gelten für die Proben, die direkt vor der Absackung nach der letzten Absaugung gezogen werden. Heubach-Werte von Partien, die transportiert wurden, können davon abweichen.

Berichtspflicht
Die Prüfprotokolle sind für alle geprüften Saatgutpartien zu erstellen und zu archivieren. Sie sind den zuständigen Behörden auf Anfrage vorzulegen.

If you have any concerns about our products,
you can contact us on
ProductSafety@springernature.com

In case Publisher is established outside the EU,
the EU authorized representative is:
**Springer Nature Customer Service Center GmbH
Europaplatz 3, 69115 Heidelberg, Germany**

Printed by Libri Plureos GmbH
in Hamburg, Germany